I0037279

Guía para principiantes de Day Trading + Opciones:

Estrategias de comercio para ganar dinero en línea en Criptomonedas, Forex, Mercado de centavos, Acciones y Futuros.

Tabla de Contenidos

Copyright 2021 por Ryan Martinez - Todos los derechos reservados.
El contenido de este libro no puede ser reproducido, duplicado o transmitido sin la autorización directa por escrito del autor o del editor.
En ninguna circunstancia se podrá culpar o responsabilizar legalmente al editor, o al autor, por cualquier daño, reparación o pérdida monetaria debida a la información contenida en este libro. Ya sea directa o indirectamente.

Aviso legal:
Este libro está protegido por derechos de autor. Este libro es sólo para uso personal. No se puede modificar, distribuir, vender, utilizar, citar o parafrasear ninguna parte, ni el contenido de este libro, sin el consentimiento del autor o del editor.

Aviso de exención de responsabilidad:
Tenga en cuenta que la información contenida en este documento es sólo para fines educativos y de entretenimiento. Se ha hecho todo lo posible por presentar una información precisa, actualizada, fiable y completa. No se declaran ni se implican garantías de ningún tipo. Los lectores reconocen que el autor no se dedica a prestar asesoramiento legal, financiero, médico o profesional. El contenido de este libro procede de diversas fuentes. Por favor, consulte

a un profesional con licencia antes de intentar cualquier técnica descrita en este libro.

Al leer este documento, el lector acepta que, en ninguna circunstancia, el autor es responsable de cualquier pérdida, directa o indirecta, en la que se incurra como resultado del uso de la información contenida en este documento, incluyendo, pero no limitándose a, - errores, omisiones o inexactitudes.

Descargo de responsabilidad

Aunque el autor se ha esforzado al máximo durante la preparación y finalización de este libro, no ofrece ninguna garantía ni representación en cuanto a la exactitud o integridad de su contenido. El autor rechaza específicamente cualquier garantía implícita de comerciabilidad o idoneidad para un fin determinado.

Las discusiones, estrategias y consejos que se dan en este libro pueden no ser adecuados para su situación. Por lo tanto, lo mejor es consultar en consecuencia con un profesional según sea necesario. El autor no se hace responsable de ninguna pérdida de beneficios o daños, incluidos, entre otros, los daños especiales, incidentales o consecuentes.

Introducción

El comercio solía ser el centro de atención de muchas entidades corporativas e institucionales, con acceso directo a sistemas de negociación cerrados. Sin embargo, los recientes avances tecnológicos y el auge de la World Wide Web han nivelado los muros que cubren su campo de juego.

Ahora, el trading, concretamente el day-trading, está al alcance de todos, incluso de usted. Con las herramientas y los conocimientos adecuados, puede sacar provecho de las caídas del mercado. Muchos tienen miedo a las burbujas y a las correcciones, pero cuando acabe con este libro, podrá mejorar su nivel de vida y aprovechar cualquier tendencia económica.

Hoy en día, los mercados de acciones, divisas nacionales y otros valores son mucho más accesibles que hace 20 años. La volatilidad es su característica principal. Por ello, a los principiantes les resultará difícil ganar en los mercados de suma cero. Por eso se necesitan auténticas habilidades de trading para generar beneficios comprando y vendiendo instrumentos financieros. Tras el crack bursátil del año

2000, muchos operadores, especialmente los principiantes, perdieron mucho dinero.

Ese es el peligro de saber poco en este campo. Puede perder sus ganancias y su capital en un solo momento. Si es demasiado agresivo, puede incluso perderlo todo en su vida. Pero, si lo hace a lo grande, ¡puede ser locamente rico!

Puede generar dinero en su propia casa, mientras se pone el pijama, se toma una taza de café y se encorva en el sofá. Puede ser su propio jefe, con sólo sus mascotas, sirviendo como su compañero de trabajo y supervisor.

Cuando se adquieren las habilidades de los day-traders de éxito y experimentados, se puede construir una verdadera riqueza y diversificar la cartera financiera. Así, incluso si otro manto de una Gran Depresión cubre el mundo, su cesta de dinero no se quedará sin fondos para usted y sus seres queridos.

Contiene lo esencial y los secretos del day trading, este libro le dará el empuje que necesita para iniciarse en este campo. Con los raros temas de trading que aparecen a continuación, "Day Trading + Opciones" puede convertirle definitivamente en un day trader instantáneo.

- ➢ Gestión del riesgo y del dinero para su capital y sus futuras operaciones

- ➢ Guías completas de análisis fundamental y técnico

- ➢ Consejos, estrategias y lecciones de trading diurno para principiantes y avanzados

- ➢ Aprender la psicología del trading y ser capaz de leer el comportamiento del mercado

- ➢ Obtenga la habilidad para desarrollar su propio sistema de comercio

- ➢ Conozca los indicadores que pueden ayudarle a realizar predicciones rentables

Gracias por descargar este libro, espero que disfrutes del viaje.

Descargo de responsabilidad

Los datos y las lecciones proporcionadas en este libro son únicamente para fines informativos. Toda la información proporcionada por "Day Trading + Opciones" se considera de buena fe. Sin embargo, no tenemos ninguna responsabilidad, en ninguna circunstancia, ante cualquier daño o pérdida sufrida por el lector.

Paso 1: Aprender a operar

Ocho años después del primer desplome bursátil del siglo XXI, los que volvieron al mercado huyeron de nuevo. Buscaron seguridad, tratando de sacar lo que les quedaba de su riqueza. Intentaron encontrar la manera de gestionar su cartera... o lo que quedaba de ella. Desde la Gran Depresión, 2008 fue considerado el peor año para las acciones, el Forex y el comercio de valores.

La convención de comprar y mantener murió después del primer choque. Con el segundo, los operadores empezaron a buscar formas de operar e invertir. Aunque algunos siguen practicando un meticuloso equilibrio de carteras, con un tipo de estrategia de comprar y mantener, examinaron y modificaron sus participaciones tras el crac. Otros salieron con éxito, por completo, pero ¿qué pasó con los que no pudieron? Perdieron su capital.

Antes de intentar enfrentarse al mercado todas las mañanas, ¿por qué no aprende primero los fundamentos del day trading? No puede operar de manera eficiente si no tiene idea de lo que son las posiciones cerradas y abiertas. ¿Son similares a las operaciones de posición? Debe aprender las respuestas a estas preguntas antes de empezar a operar con su dinero para tener éxito.

El objetivo de los operadores de día

La negociación es el acto de comprar y vender valores (por ejemplo, futuros, opciones y swaps) basándose en el movimiento a corto plazo. El objetivo del day trading es obtener beneficios de los "movimientos de precios". Cuando el precio de una acción ha aumentado un 10%, las personas que han comprado acciones de esa acción pueden obtener un beneficio. Las operaciones activas, al igual que el day-trading, tienen como objetivo captar las tendencias del mercado y obtener beneficios de esos acontecimientos.

El objetivo de la negociación activa es "batir al mercado" mediante la sincronización y la identificación de operaciones rentables. La mayoría de las veces, los operadores diarios revenden sus acciones horas después de haberlas comprado. Dentro del day-trading, hay numerosas estrategias de negociación que se pueden emplear.

Tal vez, el day-trading sea el estilo de trading más popular junto a las operaciones de posición. Otros consideran este estilo como una metodología, ya que es una forma de especulación con valores. Como su nombre indica, es el método de compra y venta de valores dentro del día.

Los operadores de posición, a diferencia de los operadores diarios, mantienen una posición en un valor durante un largo periodo. La posición puede mantenerse durante semanas, meses o incluso años. Se considera que es el periodo de tenencia más largo entre todos los estilos de negociación activa. Las operaciones de posición tienen muy en cuenta el rendimiento a largo plazo de un activo.

Por ejemplo, la empresa X (una empresa de telecomunicaciones) se lanzará oficialmente en 2024. Las probabilidades, que implican los indicadores del movimiento de los precios de las acciones y los activos de X, están a favor de la empresa X. Esto implica que, a largo plazo, el valor de la empresa X y sus activos probablemente subirá antes de 2024.

Los operadores de día, en cambio, se centran en los beneficios a corto plazo y en los movimientos de precios de los activos financieros, como las divisas, las acciones y las opciones.

Convencionalmente, los day-traders profesionales son los que invierten fuertemente en el day trading. Los especialistas y los creadores de mercado son lo que se puede llamar expertos en trading. Sin embargo, a lo largo de los años, el comercio electrónico ha ido astillando y destruyendo los muros que rodean los campos de juego de los bancos, los multimillonarios y las instituciones financieras.

Muchos han convertido el "trading" en su principal fuente de ingresos. Para estas personas, es un medio que les ha permitido diversificar su cartera, ya sea dedicándose al comercio activo u ofreciendo sus conocimientos técnicos y servicios a otros.

Muchos ejercen sus habilidades en los mercados internacionales. Aquellos a los que les gustan las emociones asumen riesgos y tratan el day trading como un trabajo a tiempo completo o una aventura empresarial. Los operadores del día, en particular, no permanecen en una posición durante la noche. Revenden las acciones y los valores horas después de haberlos comprado o al día siguiente. En cambio, los swing traders buscan oportunidades meses después de la compra. En otras palabras, acumulan valores con la esperanza de obtener grandes beneficios en el futuro.

Este libro se centrará más en el trading diario, pero cuando termine de leerlo, tendrá la confianza necesaria para entrar en cualquier mercado de trading y participar en cualquier tipo de transacción o inversión online.

Este libro pretende introducir el mundo del Forex, los futuros, las opciones, las acciones y las criptomonedas, así como los diferentes estilos de trading. Aunque se centrará en el day-trading, su lectura es un gran punto de partida para iniciar su carrera en cualquier tipo de empresa de comercio electrónico.

Entre en el Day-Trading!

El day-trading puede ser un negocio de locos. Los operadores, los inversores y los analistas financieros trabajan frente a su ordenador personal, mientras reaccionan a los blips y los patrones. Cada blip representa una cantidad específica de dólares reales. Sus rápidas decisiones les permiten ganar dinero real cada día, a diferencia de los asalariados, que sólo cobran una o dos veces al mes.

Otra ventaja del day trading es su versatilidad. Puede operar con cualquier valor negociable. De hecho, puede negociar dos o más valores. Es más, puede tomar posiciones muy cortas, mientras invierte o hace swing trading.

Recuerde el ejemplo de la sección anterior. La empresa X tiene el potencial de crecer masivamente en los próximos cuatro años. El valor de sus acciones fluctúa cada día. Esto significa que es un buen valor para operar en el día. En el capítulo 3: Introducción al análisis fundamental, aprenderá a elegir los valores que podrían hacerle rico. Invertir en un valor muerto no le llevará a ninguna parte.

El day-trading puede aportar beneficios y dinero rápido. Algunas plataformas permiten retirar al menos 20 USD. Las plataformas de corretaje, como eToro e IQoption, permiten un depósito de sólo 100 dólares. También ofrecen una cuenta de demostración gratuita de 500 dólares.

Cuando llegue al capítulo 4: Comprender el análisis técnico, obtendrá información para elegir el corredor perfecto para su estilo y presupuesto. Puede utilizar una cuenta de demostración para practicar o probar su estrategia de negociación. Los capítulos 3, 4 y 5 pueden ayudarle a diseñar un sistema y una estrategia de trading.

Las reglas de oro

El day trading se basa en la sincronización, el análisis, la vigilancia y la paciencia. ¿Suena demasiado difícil? De hecho, hay muchos principios y estrategias que puede utilizar, pero aquí hay algunos trucos, que también se consideran reglas de oro en la industria:

- ➢ Cuanto mayor sea su capital, mayores serán sus beneficios. No obstante, la capacidad de los operadores diarios para generar grandes sumas depende de su habilidad para obtener pequeños beneficios.

- ➢ Tim Sykes, Warren Buffet y otros ricos operadores toman posiciones cercanas en los mercados de futuros, opciones y acciones.

- ➢ Al cerrar las posiciones todos los días se reducen los riesgos de negociación: riesgos de mercado, de país, de divisas y de tipos de interés. Estos riesgos se tratarán con más detalle en el capítulo 4.

- ➢ No fuerce su estilo en acciones que no le reportarán beneficios. Si se precipita, puede perder dinero. En el trading diario, hay días en los que nada parece bueno para comprar, y cada operación podría ser un paso más hacia la quiebra.

> Siempre que se hace day trading, hay que trabajar rápido y estar atento y ser paciente.

Como operador individual, usted se enfrenta a corredores, instituciones financieras, bancos centrales y algoritmos de frecuencia que podrían cambiar las tornas a su favor en cualquier momento. Las empresas de corretaje operan con algoritmos de frecuencia.

Los fondos de cobertura son objetivos, y pueden hacer predicciones en cuestión de segundos cuando han devorado los datos necesarios. En menos de un parpadeo, pueden realizar operaciones. Usted se enfrenta a eso, así que tiene que ser la mejor versión de su yo trader, una vez que esté en el campo de juego real.

Los day traders principiantes poseen más ventajas que los algoritmos generados por humanos y las grandes organizaciones. ¿Por qué es así? Podrá encontrar la respuesta cuando empiece a practicar y ejecutar operaciones "simuladas". Esto será posible después de terminar el capítulo 5.

¿Por qué operar de día?

Ganar mucho dinero es la principal razón por la que muchas personas entran en el mundo del comercio, por supuesto. Otra es mejorar los beneficios potenciales de las transacciones digitales. Para los que quieren hacer crecer su cartera rápidamente, la inversión en línea es una forma de vida. El trading puede aportar dinero para los ahorros y los gastos diarios.

Independientemente de si invierte a través de acciones o de Forex, una cartera con valores puede darle una rentabilidad superior. Pero esto sólo ocurrirá si está dispuesto a trabajar en ello. Aquellos que deciden dar un paso más -aprender todo lo relacionado con el trading- no se limitan a subirse a la ola de la tendencia económica más reciente. También pueden buscar resquicios y oportunidades durante los "mejores tiempos" y los "malos tiempos".

Cuando hay una gran burbuja que está a punto de estallar o hay una gran demanda de una acción específica, debe encontrar los mejores lugares para estar en el mercado. Sus decisiones deben basarse en los ciclos del mercado y en las condiciones económicas. El último capítulo de este libro "Day Trading con futuros y criptomonedas" trata de adelantarse a otros operadores. En el day trading, el beneficio de una oportunidad sólo se limita a una persona o entidad.

Aquellas personas que toman la iniciativa o la decisión consciente de mejorar su potencial de ganancias -el potencial de una cuenta, activo o producto para generar ingresos- son las que se convierten en operadores experimentados y exitosos.

Tomemos como ejemplo a Warren Buffet y Paul Tudor Jones. Empezaron con poco, pero míralos ahora. Son dos de los más ricos del mundo. En enero de 2021, Warren es el tercer hombre más rico del mundo, mientras que Jones ocupa el puesto 343. Todo esto es según Forbes, una revista de negocios estadounidense muy refutada, propiedad de la familia Forbes y de la empresa Integrated Whale Media Investments.

Ellos, junto con otros operadores de renombre mundial, observan los mercados como buitres. Pueden crear una oportunidad de beneficios incluso cuando hay una recesión inminente. Antes del desplome bursátil del año 2000, observaron las señales técnicas y tomaron posiciones en efectivo. Después de que las acciones se desplomaran, volvieron a entrar cuidadosamente en el mercado una vez que las oportunidades fueron evidentes.

¿Qué hicieron? Mientras esperaban, investigaron cuidadosamente las tendencias y observaron los indicadores. Añadían nuevos valores a su lista de vigilancia y eliminaban los que no podían volver a subir. Las señales técnicas de los gráficos les indicaban cuándo cerrar y abrir posiciones, o cuándo entrar y salir.

La diferencia entre las operaciones en corto y en largo

Ha llegado el momento de familiarizarse con algunos de los términos y tecnicismos del day trading. Empecemos con los dos tipos de operaciones.

En el comercio de acciones, corto y largo se refiere a la primera acción del comerciante. ¿Compró primero o vendió primero? Las operaciones largas tienen lugar cuando un participante en el mercado compra acciones de un activo con la intención de implicarse en la recompra en el futuro. Esto también se llama cobertura o inversión. La mayoría de los swing traders hacen esto. Invierten en un activo de bajo precio hoy porque es probable que su valor aumente en un momento determinado en el futuro.

Por otro lado, la venta inicia una operación en corto. Los inversores venden sus acciones para operar en corto. Al final, cuando el activo alcance su precio máximo, su valor bajará. En este caso, el inversor recomprará el activo a un precio inferior.

Esa es una de las formas en que los operadores experimentados y de alto riesgo manipulan el mercado. Obtienen enormes beneficios vendiendo caro. El precio alto atrae entonces a muchos otros operadores. Esto hace disminuir el precio del activo. Cuando el precio es inferior al valor anotado anteriormente, se dedican a la recompra masiva.

Por un lado, una operación en corto tiene lugar cuando se vende primero. Los operadores en corto suelen recomprar la misma acción a un precio inferior.

Cuando uno "va en largo", significa que ha comprado un valor y está esperando para poder vender el activo cuando su precio suba. Los operadores del día utilizan las palabras "largo" y "comprar" indistintamente. Así que, por favor, no se confundas con esto.

Algunas aplicaciones y plataformas de corretaje basadas en la web cuentan con botones de entrada marcados como "comprar" o "largo". A menudo, los términos se utilizan para describir posiciones abiertas, como "Estoy largo en Sony". Esto indica que se posee una cantidad específica de acciones públicas de Sony, el gigante japonés de la electrónica.

-Potencial de negociación a largo plazo

A los operadores del día les gusta decir "ir en largo" o "ir en largo" para mostrar su interés en realizar una compra de un activo específico. Por ejemplo, al tomar una posición larga en 100 acciones de la acción XYX a 5 dólares por unidad, el coste de la transacción será de 5.000 dólares. Esto implica que ha comprado 100 unidades de la acción XYX a 5.000 dólares.

Por lo tanto, si vende todas esas acciones a 5.200 dólares, está tomando una posición corta porque en realidad está vendiendo sus acciones. Si hay una operación contraria y consigue vender esas unidades, entonces su beneficio neto será de 200 dólares.

Al ir en largo, el potencial de beneficio es ilimitado. ¿Por qué es así? El valor de venta de un activo popular puede aumentar continuamente. Así, si inviertes en cien acciones de un título a 2 dólares, su valor puede subir a 10, 12 o 15 dólares en un periodo determinado.

El lado negativo de la subida de precios es la inversión, es decir, una bajada de precios repentina, gradual o instantánea. Por ejemplo, si ofrece sus acciones a 10,90 dólares por acción, recibirá 10.900 dólares en su operación de 11.000 dólares. En este caso, usted pierde cien dólares más la comisión de la transacción. La mayor pérdida posible en la situación dada puede ocurrir si el precio por acción se convierte en 0,0 dólares. Esto da lugar a una pérdida de 1 dólar por acción. El day trading puede minimizar y evitar esas enormes pérdidas.

-Operaciones cortas

Tomar posiciones cortas puede ser intimidante para la mayoría de los operadores principiantes. En realidad, necesitan comprar algo para obtener beneficios. Al ponerse en corto (tomar una posición corta), los operadores del día venden valores antes de comprarlos.

Lo hacen con la esperanza de obtener un beneficio por la bajada del precio. Su operación sólo generará beneficios si el importe que han tomado prestado es inferior al precio de venta del activo.

Los operadores utilizan las palabras "corto" y "vender" indistintamente. Del mismo modo, algunas aplicaciones y plataformas de negociación cuentan con botones clicables marcados como "vender" o "corto". El uso de la palabra "short" (corto) en la frase "I'm going short Apple" indica que está ofreciendo acciones de Apple.

Los operadores diarios a los que les gusta tomar posiciones cortas suelen decir "ir en corto" o "yendo en corto". Esto indica que están interesados en tomar una posición corta en un activo específico. Por ejemplo, si toma una posición corta en 500 acciones de YYY a 9,0 dólares, recibirá 4.500 dólares en su cuenta. Su cuenta de operaciones tendrá -500 acciones. En el futuro, tiene que llevar el saldo a cero comprando al menos 500 acciones de esa misma acción. A menos que haga esto, no sabrás las probabilidades y la pérdida o ganancia de la posición en la que estás.

Los principales mercados disponibles en el comercio electrónico

-Forex

En los mercados de divisas (Forex), el tipo de cambio al contado es el tipo de cambio actual de un par de divisas. El mercado determina el tipo de cada moneda que se negocia en la bolsa. Además, todos los aspectos de la negociación y la conversión de divisas se determinan a precios actuales (al contado).

Los principales participantes en este intercambio son los bancos internacionales y los grandes centros financieros. Día y noche, excepto los sábados y domingos, estas organizaciones financieras sirven de medio de intercambio para millones de comerciantes.

También conocido como mercado de divisas, el mercado Forex es el mayor mercado del mundo. También es el más líquido y ha representado miles de millones de operaciones al día. En 2010, ha representado 3 billones de dólares de operaciones diarias. Aunque no existe desde hace un siglo, es el lugar donde la mayoría de los day-traders compran y venden valores.

El mercado de divisas facilita las operaciones de una moneda por otra. Aunque las operaciones diarias con divisas también pueden realizarse electrónicamente, como las operaciones con acciones, los dos mercados son bastante diferentes. Las divisas se negocian por pares, mientras que las acciones se negocian por unidades.

-El mercado de opciones

El mercado de opciones es un mercado que permite a los participantes tomar posiciones en el derivado de un activo. Por tanto, la opción -un contrato que permite a un inversor negociar un instrumento financiero como un índice o un ETF a un precio determinado durante un periodo determinado- se basa en valores concretos. El valor de las opciones y de otros insumos cambia con el valor o la ausencia de éste que proporciona el activo en cuestión.

-CFDs

CFD significa Contrato por Diferencia. Se trata de un acuerdo realizado en las operaciones con derivados, en el que las diferencias en la liquidación dada entre los precios de la primera y la última operación se liquidan en efectivo. La liquidación da lugar a un pago en efectivo, en lugar de liquidar en bonos, acciones o materias primas.

Una liquidación, en el ámbito de las finanzas y la negociación, es un proceso comercial por el que los valores o los intereses en valores se entregan físicamente para cumplir con las obligaciones contractuales. Hoy en día, las liquidaciones suelen tener lugar en los depositarios centrales de valores (DCV).

Un DCV es una organización financiera que mantiene valores como acciones o títulos en forma desmaterializada o certificada. Con ello, la propiedad puede transferirse a través de una anotación en cuenta. Esto permite a los intermediarios, las plataformas electrónicas y las organizaciones financieras mantener los valores en un único lugar. Esto hace que estén disponibles para la compensación y liquidación electrónicas, una forma rápida y eficiente.

Las condiciones del mercado

Acaba de conocer los principales mercados del comercio electrónico. Ahora es el momento de hablar de las condiciones del mercado. Tenga en cuenta que no son mercados reales. Más bien, son como tendencias que puede utilizar en el comercio de Forex y en el análisis técnico.

¿Qué es un mercado alcista?

Un mercado alcista no es realmente un tipo de mercado, sino que se considera un factor o condición que afecta a las bolsas. En cualquier bolsa/mercado, hay dos tipos de tendencias. O bien los precios aumentan o bien disminuyen. Un mercado alcista es como un toro que utiliza sus cuernos en un movimiento ascendente. El aumento de los precios caracteriza a un mercado alcista.

Cuando los precios del mercado son altos o el precio de un activo aumenta más de un 20%, se habla de un mercado alcista. Normalmente, un mercado alcista se produce cuando muchos operadores son optimistas respecto a un activo o valor concreto.

Como se ha mencionado anteriormente, los inversores con grandes inversiones pueden manipular las tendencias del mercado. Un mercado alcista puede surgir cuando muchos operadores e inversores compran un activo concreto.

Basándose en la ley de la oferta y la demanda, que puede aprender en el capítulo 4, el precio sube cuando la demanda del producto/activo es alta.

Los indicadores de una tendencia alcista inminente son, a veces, poco claros. Por eso los operadores utilizan el análisis técnico para reconocer las señales de una subida de precios. Investigando y estudiando los gráficos e indicadores, se puede predecir la dirección de los precios con cierto grado de precisión. Los indicadores técnicos como las MA, el RSI y el estocástico también se tratan en dicho capítulo.

¿Qué es un mercado bajista?

Cuando el mercado experimenta un descenso prolongado de los precios, la situación se considera un mercado bajista. A diferencia de las tendencias alcistas, un mercado bajista surge cuando el valor de un activo disminuye un 20%.

Al igual que un mercado alcista, un mercado bajista es una condición. Se aplica a los mercados de valores y a los activos individuales. Las recesiones y otras recesiones económicas suelen ir acompañadas de mercados bajistas. También se puede utilizar el término para referirse a cualquier índice bursátil o acción que haya experimentado un descenso del 20% en su valor durante los últimos dos meses.

Tomemos como ejemplo la burbuja del Nasdaq Composite en 1999. Debido al estallido de la burbuja de las puntocom, el valor de las acciones públicas que ofrecían Boo, Webvan, Pets.com, Worldcom, Global Crossing, Northpoint Communications cayó más de un 30%. Cayeron en un mercado bajista. Muchas de las entidades mencionadas cerraron sus puertas para siempre.

Tenga en cuenta que la corrección bursátil y el mercado bajista son dos cosas diferentes, aunque se utilicen indistintamente. Una corrección bursátil se produce cuando el valor de una acción cae un 10%. Una corrección pasa a ser un mercado bajista cuando el precio disminuye un 20% más.

Estos son algunos de los factores que pueden provocar correcciones y mercados bajistas:

> Caída de la bolsa

> Recesión

> Principales acontecimientos económicos

> Miedo e incertidumbre de los inversores

- ➤ La mala calificación crediticia de un país

- ➤ Especulación generalizada de los inversores y préstamos irresponsables

- ➤ Inversión excesivamente apalancada

- ➤ Movimientos del precio del petróleo

-Invertir en un mercado bajista

¿Cuál es uno de los secretos de los day-traders? No sólo operan a diario, sino que también invierten a largo plazo. Los day traders más hábiles también se dedican al swing trading, especialmente en el caso de activos volátiles que tienen el potencial de aumentar su valor en los próximos meses.

¿Cómo lo hacen? He aquí algunos de sus secretos comerciales y características ganadoras:

1. Pensar fuera de la caja

Cuando el valor de una acción parece disminuir infinitamente, los operadores, especialmente los principiantes, tienden a tomar posiciones de venta antes de que las cosas empeoren. En cuanto pueden, intentan salir del mercado.

Cuando surge un mercado alcista y el precio sigue subiendo, suelen tomar una posición de compra. Temen perder la oportunidad de obtener beneficios.

En el comercio electrónico, muchos expertos, incluidos operadores experimentados, como Geroge Soros y Paul Teodore Jones, venden alto y compran bajo.

En el capítulo 5, se explica por qué los operadores principiantes deben aprovechar los cambios bruscos de precios y por qué deben elegir lo contrario de lo que hace la mayoría.

2.   Centrarse en los indicadores de impacto

A menudo, una empresa grande e influyente puede quebrar cuando surge un mercado bajista. Eso, en sí mismo, es un indicador. Cuando una economía va mal, las empresas, así como el precio de sus acciones, se ven afectadas negativamente.

Por otro lado, las empresas en auge y prósperas obtienen resultados superiores y superan a sus rivales. Como regla general, concéntrese en las acciones públicas de empresas sólidas como una roca, bien arraigadas y transparentes.

Las herramientas que necesita para operar

El day trading, al igual que el swing y el position trading, requiere herramientas y servicios para mitigar los riesgos y mejorar la rentabilidad. En primer lugar, se necesita un smartphone, un ordenador personal y una conexión a Internet.

Dependiendo de su agente, también puede necesitar un teléfono y una línea fija. Esto puede ser útil si tiene que llamar urgentemente a su corredor. Por ejemplo, puede ponerse en contacto con ellos si se encuentras con errores en la transacción o necesita ayuda de un representante de CS.

Se necesita una plataforma de gráficos de operaciones que muestre los datos del mercado en tiempo real para hacer predicciones muy precisas y para programar sus operaciones. Aparte de esto, los operadores del día necesitan varias herramientas para apoyar su activo estilo de vida comercial. Entre ellas se encuentran artículos de escritorio, software y hardware:

> ➢ Programas de gráficos de trading de día, como Ninja Trader

> ➢ Ordenador portátil u ordenador

> ➢ Teléfono y línea fija

- ➤ Conexión estable a Internet

- ➤ Acceso a Internet de reserva

- ➤ Estadísticas de mercado oportunas

- ➤ Aplicación o plataforma de corretaje basada en la web

Los elementos mencionados anteriormente son las herramientas más básicas que necesita todo operador diario. Un ordenador personal o un smartphone rápido y fiable es imprescindible. También es necesario un programa de gráficos de trading. Un teléfono inteligente con un plan móvil o de datos puede servir como fuente de Internet de respaldo y como dispositivo para la elaboración de gráficos y el comercio móvil.

Además de Ninja Trader, StockCharts y Trading View son también programas de gráficos muy valorados, según Investopedia. Por último, necesita un corredor o una empresa de corretaje prominente y de confianza. Sin ninguno de los dos, no se puede operar electrónicamente.

Resumen del capítulo

El day trading puede ser un negocio lucrativo. Puede ampliar su cartera financiera, manteniéndole alejado de la quiebra. También puede combinarlo con otros tipos de trading, como el swing y el position trading. El swing trading es un tipo de inversión. Los operadores se dedican a ello y toman posiciones largas durante meses.

Los operadores diarios suelen optar por posiciones cortas, que también se denominan posiciones de venta. La mayoría de los operadores del día salen del mercado cada cierre de un día de negociación. Existen muchos mercados electrónicos, concretamente las bolsas de valores, los mercados de divisas y los mercados de opciones. A menudo, las grandes entidades financieras pueden manipular estos mercados.

Al observar los retrocesos, las tendencias y las condiciones económicas, los operadores pueden hacer predicciones precisas y ejecutar operaciones rentables. En el siguiente capítulo, aprenderá a observar los mercados de negociación, así como los elementos que los impulsan.

Paso 2: Observar el comportamiento del mercado 101

La inflación, la recesión y otras condiciones económicas adversas generan noticias negativas para el sector. Esto puede afectar negativamente a los tipos de cambio y a los precios de las acciones. Sin embargo, si sabe cómo invertir las mareas a su favor, puede sacar provecho de cualquier acontecimiento económico, ya sea bueno o malo.

Los órganos de gobierno, como la Junta de la Reserva Federal de Estados Unidos (Fed) y el Sistema Nacional de Pagos, supervisan los poderes ejecutivos del gobierno estadounidense. Son responsables de los cambios en los impuestos y las medidas de política fiscal. En pocas palabras, pueden minimizar los efectos perjudiciales de ciertos ciclos económicos (por ejemplo, la expansión y la recesión) y promover el crecimiento económico para aumentar el valor de la moneda nacional y de las acciones locales.

Sin embargo, ni siquiera una organización tan autoritaria puede borrar los ciclos económicos. Los comerciantes y los vendedores se anticipan a los ciclos económicos con la intención de obtener beneficios.

En este capítulo, sabrá qué indicadores afectan a los ciclos de negociación y cómo entender las condiciones económicas y de mercado, así como ser capaz de leer el sentimiento del mercado. Los conocimientos que obtendrá le ayudarán a entender las diferentes estrategias y métodos de análisis empleados en el trading diario.

Los fundamentos de los ciclos económicos

Ante todo, ¿qué es un ciclo económico? El ciclo económico son las fluctuaciones naturales del crecimiento económico. Se produce a lo largo del tiempo y es valioso para analizar las tendencias y hacer predicciones.

El ciclo económico también se refiere a las fluctuaciones al alza y a la baja del PIB o producto interior bruto durante un tiempo determinado. Sus nombres alternativos son "ciclo comercial" y "ciclo económico". Su duración es el periodo que comprende una sola contracción y un auge, en secuencia.

La duración de un ciclo implica la cantidad de tiempo que se necesita para completar una secuencia. La secuencia comienza con un auge y termina con una compresión. Cada ciclo tiene cuatro fases:

1. Expansión

El periodo de expansión tiene lugar entre el pico y el final. Es cuando la economía crece sin parar. El PIB, la medida monetaria que determina la producción económica de una nación o economía, aumenta constantemente. La tasa de crecimiento del producto interior bruto oscila entre el 2% y el 3%.

La tasa de desempleo está en su tasa natural del 3,5% al 4,5%, mientras que la inflación es inferior al 2%. Y el valor de la mayoría de las acciones es alcista, en un mercado alcista. Para una economía bien gestionada, estará en esta fase durante años.

La expansión alcanza su punto álgido cuando la tasa de crecimiento es superior al 3% y cuando la economía se sobrecalienta. En este periodo, la inflación supera el 2%. La tasa de inflación también puede superar el 10%.

En estos casos, se ponen de manifiesto múltiples correcciones bursátiles. Los inversores y comerciantes se vuelven irracionalmente exuberantes, generando burbujas de activos. ¿Qué es esto? Una burbuja de activos se crea cuando los activos, como el oro, las acciones y la vivienda, experimentan una espectacular subida de valor en un periodo muy corto.

El valor del activo no soporta la burbuja. La exuberancia irracional -un fenómeno económico en el que muchas personas compran un tipo específico de activo- es un sello distintivo de una burbuja de activos. Cuando se forma la burbuja, muchos incluso piden préstamos sólo para invertir en el activo. Cuando miles de inversores acuden a un activo, como el inmobiliario, su precio y su demanda aumentan.

2. Pico

Esta es la segunda fase. El pico es el mes o meses en los que la expansión pasa a la fase de recesión o contracción. En esta fase, la economía, junto con el PIB, se infla a toda velocidad.

El PIB, para ser más concretos, puede alcanzar su máximo rendimiento. Además, los niveles de empleo también están en máximos históricos. Los inversores y los empresarios están prosperando.

Sin embargo, la inflación se acerca a medida que aumentan los salarios y los precios. En estas condiciones, es posible que la inflación ya se haya instalado. Una inflación elevada puede provocar una recesión.

3. Recesión/Contracción

Durante una recesión, la economía cae desde su punto máximo. La tasa de empleo disminuye y la tasa de desempleo aumenta.

Con el tiempo, la producción y el rendimiento disminuyen. Los precios y los salarios también dejan de aumentar. Puede que no caigan, pero si la recesión se prolonga durante muchos años, los niveles de empleo seguirán disminuyendo y los salarios empezarán a bajar.

4. Canalización

Es la cuarta fase y el mes o meses en los que el país pasa de la recesión a la fase de recuperación, que también se considera el periodo de expansión. El valle es cuando la economía toca fondo.

Si esta fase se prolonga, puede conducir a una depresión. La depresión, en economía, es una recesión prolongada y grave. La depresión marca el final de un ciclo económico.

Cuando la economía vuelve a crecer desde el fondo, la producción y el empleo empiezan a repuntar. Este periodo de recuperación y expansión tira e impulsa al país en cuestión desde el nivel más bajo.

El periodo empuja a la economía hacia el siguiente pico, y la tasa de empleo vuelve a aumentar. Esto hace que la situación financiera y la calificación crediticia del país parezcan prometedoras. Al mejorar la economía, los inversores acuden de nuevo a la nación para invertir.

Los indicadores económicos y su importancia

Cualquier economía pasa por los cuatro grandes ciclos mencionados anteriormente. En el pico y la expansión, la tasa de empleo es alta y muchos son optimistas. Prevalece la prosperidad financiera.

En las fases de recesión y depresión, las cosas se vuelven más duras, económicamente. Muchos pierden sus empleos y numerosas empresas cierran sus puertas para siempre. El final de un ciclo económico abre el camino a uno nuevo.

Los indicadores económicos pueden ayudarle a determinar en qué momento del ciclo se encuentra una economía y en qué dirección se mueve. ¿Está próxima una contracción? ¿La alta tasa de empleo de un país anuncia una recesión inevitable?

Con la ayuda de los indicadores económicos, puede encontrar la respuesta a las preguntas anteriores y a otras relacionadas. La mayoría de los operadores, concretamente los especuladores y los analistas, aquellos que estudian minuciosamente la información económica y financiera para evaluar los resultados e identificar las oportunidades de inversión y las recomendaciones comerciales, tienden a observar las tendencias a lo largo de varias publicaciones.

Un calendario económico, que es un programa de fechas de acontecimientos importantes que pueden afectar a la acción de los precios de los valores y a la situación de los mercados, presenta datos de indicadores económicos. Algunos corredores y plataformas de negociación ofrecen calendarios económicos actualizados periódicamente.

Estos son los indicadores económicos más importantes que debe tener en cuenta a la hora de observar el comportamiento del mercado:

> Índice de precios de los productos básicos

> Empleo nacional

> Inventarios de empresas

- Libro Beige

- Índice de precios del Pce básico

- Índice de precios al consumo

- CCI o Índice de Confianza del Consumidor del Conference Board

- El número de pedidos de bienes duraderos

- El número de ventas de viviendas

- Informe sobre la situación del empleo

- Índice del coste del empleo

- El número de pedidos de fábrica

- PIB o Producto Interior Bruto

- Inicios de viviendas

- Índice de gestores de compras Ivey

- Los resultados de las encuestas del Ism en el sector no manufacturero y en el manufacturero

- Solicitudes iniciales de subsidio de desempleo

- Capacidad industrial y utilización de la producción

- Indicadores de fugas

- NFP o nóminas no agrícolas

- PMI o Índice de Gerentes de Compras

- IPP o Índice de Precios de Producción

- Ingresos personales y gasto de las empresas

- El número total de ventas al por menor de la empresa en cuestión

- Balanza comercial, la suma neta de las importaciones y exportaciones de bienes de un país

- TIC o Capital Internacional del Tesoro

- Encuesta Tankan

- MCSI o Sentimiento del Consumidor de la Universidad de Michigan

- ➢ Tasa de desempleo

- ➢ Los resultados de la encuesta del ZEW sobre los mercados financieros

Tenga en cuenta que algunos de los indicadores mencionados sólo son aplicables a las empresas/entidades de sus respectivos sectores.

Los indicadores revelan noticias y datos importantes que pueden afectar a los mercados, así como a los activos negociables. Dependiendo del medio y de la viralidad de la noticia, ésta puede repercutir en el rendimiento de las acciones, los precios de las divisas y el volumen de negociación.

Como operador del día, debe observar y leer las noticias económicas relevantes para su valor objetivo y supervisar las actividades del mercado financiero. Con la ayuda de los indicadores adecuados, podrá realizar predicciones precisas y rentables. Puede utilizar un indicador para muchas sesiones, pero tenga en cuenta que existen numerosas formas de interpretación.

-Tipos de interés

Observar a la FED, así como a las entidades, organizaciones y personas autorizadas vinculadas a ella debe ser un hábito diario para usted. El FOMC o Comité Federal de Mercado Abierto incluye lo siguiente:

> Siete miembros del Consejo de Gobernadores

> El presidente de 4 de los 11 Bancos de la Reserva Federal (Indique algunos nombres)

> El presidente del Banco de la Reserva Federal de Nueva York

El FOMC es responsable de supervisar las "operaciones de mercado abierto". Esta es la principal herramienta mediante la cual la FED ejecuta las políticas monetarias de Estados Unidos. Esto, a su vez, afecta al tipo de los fondos federales, a las condiciones crediticias y a la demanda agregada. De hecho, puede afectar a toda la economía.

Hay que hacer un seguimiento de lo que pueden o no hacer. En particular, a los tipos de interés, ya que pueden manipular los tipos de interés actuales y futuros del país. Los miembros se reúnen ocho veces al año, pero los periódicos locales, como el NY Times, y los sitios web de noticias, como Forbes y Yahoo Finance, publican historias relacionadas a diario o semanalmente.

Cada vez que Ben Bernanke, el presidente de la FED, habla en público, los periodistas y varios escritores escuchan las indicaciones y los planes de las organizaciones. También hacen lo mismo con los demás miembros. Los periodistas y escritores de noticias escudriñan y diseccionan cada información que la FED comparte con el público.

La cobertura de la prensa resume los datos compartidos y dice si la Fed puede bajar o subir los tipos de interés. Los tipos de interés pueden tener un impacto significativo en las economías y en cómo se realizan las operaciones. Un aumento de los tipos puede disminuir el gasto de una nación. Esto puede conducir a una desaceleración económica. La FED sube los tipos de interés si la economía se está recalentando.

En estas condiciones, la inflación es inminente. Tanto si la junta directiva teme una caída del PIB como si está estimulando el crecimiento durante la contracción, reducirá los tipos de interés para atraer a los inversores extranjeros y promover el crecimiento y el gasto.

Además de las noticias económicas de los medios de comunicación fiables, también puede consultar el Libro Beige. Los doce bancos de la Reserva Federal de EE. UU.

recopilan los datos del Libro Beige. En él se incluyen las condiciones económicas actuales de los doce distritos.

Dos semanas antes de cada reunión, se fijan las políticas monetarias, que incluyen los tipos de interés. Los resúmenes del Libro Beige se elaboran mediante entrevistas con economistas, expertos en el mercado, líderes empresariales y otras personalidades familiarizadas con la economía de los distritos.

-Suministro de dinero

El aumento de la oferta monetaria de un país es el principal indicador de la inflación. Cuando este indicador es mayor que la oferta de bienes, la tasa de inflación y los precios suben. Los operadores de dinero, acciones y materias primas deben considerar y observar atentamente los siguientes agregados:

> Inflación

> Oferta monetaria

> Bienes y servicios

En concreto, el Banco de la Reserva Federal hace un seguimiento de dos agregados:

1. M1

M1 incluye el dinero utilizado para los pagos, como las cuentas corrientes en las cajas de ahorro y los bancos y el dinero en circulación.

2. M2

M2 son las divisas que se encuentran en los depósitos bancarios y en las cámaras acorazadas de los bancos y las que se mantienen en el mercado monetario y en las cuentas de ahorro de los particulares. En www.federaalresesrve.gov/releases/h6/Current, puede seguir las medidas de stock de M1 y M2.

-Deflación

La deflación es lo contrario de la inflación. Cuando los precios empiezan a caer, la deflación puede ser el centro de atención. Suele producirse cuando hay un periodo prolongado de descenso de los precios. La Gran Depresión de 1930 es un ejemplo clásico de deflación.

Como se mencionó en la sección de "Oferta monetaria", los precios de los bienes aumentan cuando la oferta monetaria es mayor que los bienes que se producen y circulan. En períodos de deflación, la mejora de la oferta monetaria probablemente no podrá levantar una economía en recesión.

En estos casos, añadir más dinero a la economía puede ser arriesgado. Esto es especialmente cierto cuando hay un exceso de productos y la producción continúa aunque los precios estén bajando. La crisis económica de Japón en 2004 es un buen ejemplo.

Aunque el banco central de Japón bajó los tipos de interés e imprimió más dinero para frenar la caída de la estructura de precios, la deflación continuó hasta 2007. El terremoto y el tsunami de Tohoku de 2011 también afectaron negativamente a la economía del país.

La deflación afectó ampliamente a la economía japonesa en los 30 años perdidos, es decir, el periodo comprendido entre 1991 y 2020. Entre mediados de la década de 1990 y mediados de la década de 2000, el Producto Interior Bruto de Japón cayó de 5,33 billones de dólares a 4,36 billones de dólares y los salarios regulares disminuyeron un 5%.

En las últimas tres décadas, los responsables políticos japoneses han seguido intentando frenar las consecuencias. Sin embargo, sus esfuerzos tienen poco efecto económico. En la década de 2000, el país siguió imprimiendo dinero, pero los precios siguieron cayendo en una espiral deflacionaria. Los valores de las acciones, el tipo de cambio de la moneda y los precios de la vivienda y las materias primas siguieron cayendo.

-Demandas sin empleo

El Departamento de Trabajo de EE. UU. publica cada semana las estadísticas de solicitudes de subsidio de desempleo. En ellas se incluye el número de personas que solicitan prestaciones del seguro de desempleo. Las solicitudes de subsidio de desempleo son indicadores importantes para conocer la salud de una economía o el estado de la situación laboral de un país.

El informe del BLS o de la Oficina de Estadísticas Laborales de EE. UU. recoge el resumen semanal de la situación del empleo. Este informe es un indicador económico fundamental. Determina las expectativas de las demás estadísticas para ese mes en particular. Tomemos como ejemplo el siguiente escenario.

La debilidad del mercado laboral, que suele figurar en el resumen, puede considerarse una fuerte señal de las bajas ventas al por menor y otros informes negativos. El Resumen de la Situación del Empleo (ESS) también incluye datos desglosados por industrias, como la manufacturera y la de la construcción.

Un descenso notable de la tasa de empleo es un indicio de un mercado laboral deficiente. El informe sobre la construcción de viviendas será negativo. La construcción de viviendas es un indicador económico clave. Enumera los nuevos proyectos de construcción residencial que se inician durante el mes en cuestión.

El informe de la EES y de la construcción de viviendas puede conmocionar a los mercados financieros. Esto es especialmente cierto cuando las cifras publicadas se alejan de las expectativas. En este caso, el valor de algunas acciones, especialmente las públicas locales, podría bajar o subir.

Lo primero también puede ocurrir cuando la tasa de empleo disminuye. En consecuencia, si el informe indica lo contrario y revela cifras mejores que las esperadas, el valor de las acciones subirá durante un periodo determinado. Recuerde que nada es permanente en los mercados.

Los informes sobre el empleo pueden impulsar fuertemente los mercados. Los datos e informes estadísticos contienen evaluaciones recientes de muchos sectores e industrias. El SEE se considera el mejor indicador de la presión salarial y el desempleo.

El aumento de la tasa de desempleo es uno de los primeros signos de la inminente inflación nacional. Además, el informe abarca los mercados laborales de las 250 regiones de Estados Unidos y de cada una de las principales industrias.

La página web del Departamento de Trabajo (www.bls.gov) publica un informe el primer viernes de cada mes a las 8:30 horas:

> ➢ Tasa de desempleo

> ➢ Ganancias medias

> ➢ Media de horas semanales

> ➢ El número de nuevos puestos de trabajo creados

-Índice del coste del empleo

El ICE o Índice de Coste del Empleo es también un tipo de encuesta del BLS sobre las nóminas de los empresarios. Cada trimestre, mide y presenta los cambios en la remuneración total de los empleados en cada región. Diversos empresarios, inversores, economistas y accionistas utilizan el indicador ECI para conocer la salud de la economía en cuestión. El BLS encuesta a más de

3.000 empresas privadas y a más de 500 administraciones locales. El informe se publica cada último día laborable de enero, abril, julio y octubre.

-Consumer Confidence

La confianza del consumidor se define como la medida estadística de los sentimientos de los consumidores sobre el futuro y las condiciones económicas actuales. Al igual que el ICE, se utiliza para medir la salud de una economía. Con este indicador se puede echar un vistazo al futuro de un mercado.

Cuando el rendimiento es alto, el gasto aumenta. El CCI o Índice de Confianza del Consumidor es el mejor índice a la hora de controlar este indicador. El US Conference Board publica este informe encuestando a 5.000 hogares cada tres o seis meses.

Cuando la confianza es baja, los Bancos de la Reserva Federal bajan los tipos de interés. Esto repercute positivamente en los mercados de valores. Los niveles de confianza elevados, por el contrario, son señales de advertencia de un posible periodo de contracción cercano. En la fase inicial de la recesión o antes de ella, los Bancos de la Reserva Federal pueden subir los tipos de interés en un último intento de frenar las tasas de inflación. Cuando los tipos de interés aumentan, los precios de las acciones disminuyen.

El US Conference Board publica el ICC a las 10 de la mañana del último martes de cada mes. Puede seguir los resultados mensuales en su sitio web www.conference-board.org. Vaya a la sección "Economics" y diríjase a la pestaña "Consumer Confidence".

Cómo utilizar los datos recopilados

De hecho, hay varios datos disponibles tanto para el análisis fundamental como para el técnico, que se tratan en los próximos capítulos. Sin embargo, no todos los datos que ha recopilado son relevantes para el tipo de valor con el que quiere operar. Organizar su colección de datos relevantes para la lectura de gráficos y el seguimiento de tendencias le permitirá analizar fácilmente las fases del ciclo económico y elegir sabiamente las señales económicas.

A continuación, le indicamos los pasos que debe seguir para que todos sus esfuerzos sean fructíferos y den resultados relevantes:

1. Mantenga su calendario económico

Por encima de todo, debe mantener su calendario económico para las fechas de publicación de los indicadores relevantes. Por lo tanto, observe siempre las tendencias y las subidas y bajadas de los precios de los valores cuando un indicador clave vaya a publicarse próximamente. En el capítulo 5, podrá aprender a leer las tendencias y los patrones.

2. Determinar las industrias y partes de la economía que se verán afectadas por los indicadores

El PIB, por ejemplo, sugiere la trayectoria futura del crecimiento económico. El IPC y el IPP, por su parte, son sólidas medidas de la inflación. Con estos dos, podrá conocer la fase actual del ciclo económico y hacer predicciones precisas sobre la evolución de los precios.

3. Examine las partes cruciales de los indicadores elegidos

Al igual que las economías, los indicadores también tienen partes. Pregúntese: "¿qué parte del índice es fundamental para mis decisiones futuras?".

Por ejemplo, los componentes de energía y alimentos del IPC suelen ser muy volátiles. Por lo tanto, para la negociación de acciones, el núcleo del IPC es el que presenta las cifras más importantes.

4. Comprobar las revisiones de los nuevos indicadores

A menudo, los indicadores se revisan. Los cambios pueden no ser tan significativos, pero esa pequeña modificación puede revelar un pequeño cambio en el ciclo. Por ello, compruebe siempre las revisiones y sepa cómo afectan los cambios a las tendencias mensuales.

5. Observa las tendencias

En su calendario económico, haga un seguimiento de las principales partes de cada indicador que esté observando. Supervise las tendencias de los componentes de los datos relevantes para poder predecir con precisión el estado de la economía y la fase actual del ciclo económico. Algunos ejemplos son los índices, el informe de beneficios y los resúmenes económicos, como la producción industrial y el índice de apalancamiento del consumidor.

Resumen del capítulo

Los indicadores económicos, cuando se utilizan correctamente, proporcionan datos valiosos para el análisis y la interpretación de las posibilidades comerciales futuras y actuales. Empleados habitualmente en el análisis fundamental, los indicadores económicos ayudan a juzgar la salud de una economía y a determinar la fase de un ciclo económico.

Hay varios datos de indicadores disponibles en Internet y en los informes económicos que se publican periódicamente. Tiene que ser adverso a la hora de elegir los indicadores adecuados para obtener los resultados deseados en sus análisis y operaciones. En el próximo capítulo, podrá aprender a hacerlo y a realizar análisis fundamentales.

Paso 3: Familiarizarse con el análisis fundamental

Es el momento del análisis fundamental! El AF o análisis fundamental mide el valor intrínseco de un activo, examinando y observando los indicadores financieros y económicos pertinentes. Desde los factores macroeconómicos, como las condiciones de la industria, hasta los informes sobre la situación del empleo, el análisis fundamental abarca todo lo que afecta, ya sea negativa o positivamente, al valor de un título.

El objetivo final del AF es obtener una cifra muy precisa que el operador pueda comparar con el precio actual del activo para comprobar si está sobrevalorado o infravalorado. Este método de análisis de valores es todo lo contrario al análisis técnico, que se detalla en el siguiente capítulo: "Entender el análisis técnico".

La importancia del análisis fundamental

Los fundamentos incluyen las condiciones económicas y de mercado que pueden afectar a un activo negociable. También abarca los datos financieros de las actividades de las empresas y la información sobre sus fracasos y éxitos.

Con el análisis fundamental, tendrá la capacidad de conocer las diferencias en los precios de las acciones de dos o más empresas utilizando el crecimiento de los beneficios, las condiciones empresariales y otros factores. Éstos se analizan en las secciones siguientes.

El AF puede proporcionar información coherente y fiable. Mediante este tipo de análisis, se puede evaluar el valor intrínseco de un título financiero. Este es el precio de negociación o el valor neto de un activo.

Por ejemplo, el modelo de flujo de caja descontado se emplea para determinar el capital medio ponderado y el flujo de caja libre de una empresa. El capital medio tiene en cuenta el valor actual del dinero. El modelo DCF puede determinar el valor actual de una acción mediante la previsión del flujo de caja y su descuento. El modelo emplea una tasa de descuento para calcular el DCF.

Si la cifra del DCF es superior al coste actual de la inversión, las oportunidades podrían dar lugar a rendimientos positivos. Normalmente, las empresas emplean el coste medio ponderado del capital. Esto incluye la tasa de rendimiento esperada por el accionista.

El precio de mercado (valor intrínseco) puede compararse con el valor de negociación del activo. Si el valor negociado es inferior a su valor contable real, debería comprar ese activo. Este tipo de negociación se denomina Value Investing.

Benjamin Graham, el difunto economista estadounidense e inversor de éxito, es el padre del Value Investing. Warren Buffet, el mayor accionista de Berkshire Hathaway, popularizó dicha estrategia de inversión, que implica un uso excesivo del análisis fundamental.

Este es uno de los significados de FA.

Por dónde empezar

1. Para empezar, elija un sector empresarial o una industria que sea relevante para sus acciones preferentes.

2. Investigue los principales actores de la empresa que ofrece la acción pública. Examine los fundamentos del sector o la industria. Por ejemplo, los componentes empresariales del sector de la hostelería incluyen la seguridad, las ventas, las finanzas, el mantenimiento, la gestión de eventos y las operaciones de oficina.

3. Reduzca la lista de las empresas que desea comparar con la compañía. También debe fijarse en el volumen diario de operaciones del valor. Si tiene un número bajo de

operaciones diarias, entonces le resultará difícil salir de una posición.

Las herramientas utilizadas en el AF requieren la comparación de al menos dos empresas del sector en cuestión.

Estas son algunas de las herramientas que puede utilizar:

- ➢ BPA o beneficio por acción
- ➢ (P/E) o relación precio-beneficio
- ➢ Rendimiento de los fondos propios
- ➢ (P/B) o la relación entre el precio y el libro
- ➢ Relación precio-ventas
- ➢ Beta
- ➢ Proyección de crecimiento de los beneficios
- ➢ Ratio de rentabilidad de los dividendos
- ➢ Ratio de reparto de dividendos

A efectos de debate, consideremos dos empresas gigantes del sector de las mejoras en el hogar: Lowe's y Home

Depot. Tras el desplome bursátil de 2007, ambas empresas experimentaron un descenso de sus acciones públicas.

Como resultado, detuvieron la expansión, esperaron a la siguiente fase del ciclo económico y el valor de sus acciones cayó en una espiral descendente. En ese momento, antes de que el precio empeore, muchos inversores y operadores del día salen del mercado.

Vendieron sus acciones públicas. Mediante un análisis fundamental, habían predicho que los precios empeorarían. También habían tomado nota del inminente estallido de la burbuja. Para ello, examinaron los balances y los estados de tesorería de las empresas.

Si tiene en cuenta la siguiente sección, aprenderá a leer los estados financieros críticos que pueden ayudar a determinar los valores intrínsecos de un activo. Adquirir dicha habilidad es esencial en el comercio de acciones de día.

-La cuenta de resultados

En general, la cuenta de resultados es una instantánea de las ganancias y su impacto en la cuenta de resultados de la empresa, es decir, los ingresos netos después de eliminar todos los gastos, que incluyen los impuestos sobre la renta, los intereses y los costes administrativos. La cuenta de resultados es el lugar donde una empresa pública declara sus costes e ingresos.

Con la cuenta de resultados se pueden conocer los efectos de los impuestos, la depreciación y los intereses de la entidad en cuestión y prever su potencial de ganancias. Toda cuenta de resultados tiene tres secciones importantes: ingresos, ganancias y gastos. La última sección (gastos) incluye los costes de depreciación. Se trata de la parte de un activo que se considera consumida en el periodo actual.

-Cómo leer un estado financiero

1. Compruebe si todas las cifras son correctas.

2. Encuentre o calcula el resultado final.

3. Examine las distintas fuentes de ingresos de la entidad.

4. Examine los importes y determina los mayores gastos.

5. Compare las cifras intermensuales y las interanuales

6. Piense en las relaciones lógicas entre los números.

Las cifras de un año no revelan gran cosa. Por ello, es más eficaz observar las tendencias a lo largo de varios años para poder predecir con precisión el potencial de crecimiento y evaluar el estado financiero actual de la empresa. De este modo, también se puede determinar la situación de la entidad frente a sus competidores.

Tanto los informes anuales como los trimestrales son importantes. Diferenciar sus resultados de forma anual o trimestral le permite precisar la salud financiera de la empresa en cada mes. De este modo, podrá saber qué fechas son las más eficientes para el trading diario.

Por ejemplo, al examinar los informes del primer trimestre de 2018 frente a los resultados del primer trimestre de 2019, se sabe si sus ganancias disminuyen o aumentan. Para la mayoría de las empresas, el Q1 es productivo, pero para otras, como las cadenas minoristas, el Q4 aporta muchos beneficios. De ahí que puedas necesitar los resultados de cada trimestre, especialmente si el activo lo requiere.

Las cuentas de resultados anuales, en cambio, presentan un resumen de los beneficios o pérdidas de todo un año. Las empresas públicas, como Lowe's y Tesla, están obligadas a presentar informes financieros anuales y trimestrales a la Comisión del Mercado de Valores (SEC).

-Ingresos

Los ingresos por ventas presentan las ventas globales de la empresa en un periodo concreto antes de restar los gastos. Sin embargo, algunas empresas, como Nike y Salesforce, sólo informan de las ventas netas en sus cuentas de resultados. A partir de las cifras recogidas, se puede ver el crecimiento o la disminución de los ingresos.

-Coste de los bienes vendidos (COGS)

El COGS o coste de los servicios vendidos es una medida que muestra los costes netos directamente relacionados con los servicios o productos de la empresa. Incluye los gastos de transporte, los descuentos por compra y otros gastos relacionados con el acto de vender.

-Gastos

La parte de los gastos incluye los costes administrativos, los costes de venta y los costes de funcionamiento de la empresa. Los gastos no deberían ser superiores a los beneficios brutos. Unas cifras de gastos bajas son una buena señal, y podrían significar un excelente potencial de crecimiento.

-Pago de intereses

Esta parte de la cuenta de resultados presenta la salud financiera a corto plazo de la empresa. Incluye principalmente los gastos deducibles de impuestos. Para determinar la salud fiscal de la entidad, utilice la cifra del EBIT o los beneficios antes de intereses e impuestos, así como la cifra de los gastos por intereses.

He aquí algunos puntos clave de este tipo de estados financieros:

1. Para calcular el ratio de cobertura de intereses, hay que dividir los gastos de intereses entre el número de EBIT. Los que tienen ratios de cobertura elevados pueden cumplir fácilmente con sus obligaciones de préstamo.

2. Restando los gastos de impuestos e intereses de los ingresos de explotación, puede determinar la salud financiera a corto plazo de la empresa. Puede utilizar el resultado para saber si la entidad genera o no suficientes ingresos para pagar sus intereses.

3. La comparación de los ratios de diferentes empresas del mismo sector es una forma eficaz de juzgar o calibrar los valores de los ratios.

4. Los analistas, entre los que se encuentran George Soros y Richard Dennis, consideran que el número 3 es un mal

ratio de cobertura de intereses. Generalmente significa que la empresa pública está enterrada en deudas o que tendrá problemas en breve.

-Pago de dividendos

Algunas empresas pagan dividendos. Se trata de un porcentaje de los beneficios que obtiene la empresa. El importe depende de la participación del inversor en las acciones ordinarias. Los accionistas reciben sus dividendos una vez al trimestre en un año.

Por lo tanto, los accionistas reciben dividendos al menos cuatro veces al año. La empresa debe tener un buen flujo de caja para poder pagar los dividendos. El examen de su reparto de dividendos histórico y actual permite calibrar su solidez financiera para el análisis fundamental.

-Prueba de rentabilidad

Los ratios de rentabilidad se utilizan para evaluar la capacidad de una empresa de generar beneficios en relación con sus activos, ingresos, costes de explotación, fondos propios o activos del balance. El análisis de la rentabilidad puede revelar cómo una empresa genera eficazmente valor y beneficios para los accionistas.

Como métricas financieras, pueden determinar si la empresa puede o no ofrecer pagos de dividendos.

Para el cálculo se utilizan el margen de beneficio neto y el margen de explotación. El primero considera los beneficios menos los gastos. El segundo considera los beneficios de las operaciones antes de impuestos y gastos de intereses.

La fórmula de ambas métricas se indica a continuación:

Margen de beneficio neto = beneficio después de impuestos/ventas netas o beneficio bruto

Margen de explotación = resultado de explotación/ventas netas o beneficio bruto

Un ratio más alto implica que la empresa tiene una media industrial y un rendimiento histórico excelentes. Al igual que las métricas anteriores, también se pueden utilizar los ratios de rentabilidad al comparar dos o más empresas.

-Estados de flujo de caja

Un estado de flujo de caja (CFS) es una valiosa medida de la rentabilidad, la solidez y las perspectivas de futuro.

Puede determinar si la empresa puede o no pagar sus gastos e intereses del préstamo.

Aquí están las fórmulas:

Flujo de caja libre = Ingresos netos + Depreciación/Amortización - Variación del capital circulante - Gastos principales

Previsión de tesorería = Caja inicial + Entradas estimadas - Salidas estimadas = Caja final

Flujo de caja de las operaciones = Ingresos de explotación + Amortizaciones - Pagos de impuestos + Variación del capital circulante

-Depreciación

En contabilidad, la depreciación se considera un gasto. Se refiere a los activos fijos de una entidad. Representa el uso de los activos en cada periodo contable, que puede ser un año fiscal o natural. También puede ser una semana, un trimestre o un mes. Varios activos incurren en depreciación. Algunos ejemplos son los equipos, los vehículos y las instalaciones.

Cuando las empresas públicas pagan por un artículo o equipo valioso, lo registran como un activo, que representa un valor a largo plazo para la empresa. El uso del activo crea una distorsión de los ingresos netos. Por eso cada uso se registra o se estima.

Existe una gran variedad de fórmulas de depreciación para los métodos de contabilidad y análisis. A continuación se enumeran las más relevantes para el análisis fundamental:

Método de la Unidad de Producto = Coste del Activo - Valor de Recuperación/Vida Útil en forma de Unidades Producidas

Depreciación por año = Coste del activo - Valor de salvamento / Vida útil del activo

Método de amortización lineal = Coste del activo - Valor residual/Vida útil del activo

Las empresas, especialmente las que ofrecen acciones públicas, informan de la depreciación de los activos a las partes interesadas. También les permite cubrir el coste neto del activo a lo largo de toda su vida útil, en lugar de recuperar inmediatamente el coste de adquisición. Esto permite a las empresas reemplazar los activos con la cantidad correcta de ingresos.

-Actividad inversora

Esta parte de la cuenta de resultados representa la forma en que la empresa pública gasta sus fondos para el crecimiento y la creación de activos a largo plazo, como nuevos edificios y adquisiciones de propiedades. La sección de actividades de inversión también abarca las ventas de grandes activos y las inversiones de capital. El seguimiento de estas actividades permite prever el resultado de las actividades de planificación a largo plazo y de capital de la entidad.

Aprender a leer el balance

El balance presenta el pasivo y el activo de la empresa en un periodo determinado. A diferencia del estado financiero, que muestra los resultados de explotación de una empresa, un balance abarca el patrimonio y el pasivo de una empresa pública.

El valor que la empresa ingresa se equilibra con su pasivo. Hay que tener en cuenta que cuando el pasivo es igual al activo más el patrimonio neto, el estado financiero se considera *equilibrado*.

Cada balance tiene tres secciones:

1. Activos

En esta parte se detalla todo lo que posee la empresa.

2. Pasivo

La sección del pasivo incluye las deudas y otros créditos de los deudores de la empresa.

3. Fondos propios

También llamado patrimonio de los propietarios, esta sección enumera todas las reclamaciones hechas por los inversores y propietarios.

El balance detalla los activos y pasivos en función de su liquidez, es decir, la facilidad y rapidez con la que se pueden convertir en efectivo. Los activos y pasivos más líquidos aparecen en primer lugar en la lista. Las partidas a largo plazo aparecen en último lugar.

La sección de activos se divide en dos partes:

1. Activos corrientes

Los activos corrientes son los recursos valiosos que se agotan en un año, como las cuentas por cobrar, los suministros y las existencias.

2. Activos a largo plazo

Tienen una vida útil de más de un año. Las instalaciones, los equipos y los edificios son ejemplos de activos a largo plazo.

La parte del pasivo también se divide en dos partes:

1. Pasivo a corto plazo

El pasivo a corto plazo incluye depósitos de clientes, dividendos por pagar, impuestos por pagar, gastos devengados y cuentas comerciales por pagar.

2. Pasivo a largo plazo

Los pasivos no corrientes tienen un vencimiento superior a un año. Algunos ejemplos son los ingresos diferidos, las indemnizaciones diferidas, los impuestos sobre la renta diferidos y los pasivos por asistencia sanitaria posterior a la jubilación.

Cómo analizar los activos

A la hora de analizar los activos, hay que tener en cuenta dos ratios principales para saber cómo cobra la empresa las cuentas por cobrar (rotación de cuentas por cobrar) y cómo agota su inventario (rotación de inventario).

En este último caso, se trata de un proceso de dos pasos:

1. Para saber con qué rapidez convierte la entidad su volumen de negocio de las cuentas por cobrar en efectivo, utilice la siguiente fórmula:

Rotación de cuentas por cobrar = Ventas en cuenta/ Cuentas promedio

2. A continuación, hay que determinar la rapidez con la que la entidad cobra sus cuentas. Para ello, divide el cociente de la fórmula anterior entre 365. De este modo, podrá averiguar el número total de días que tardan en cobrar las cuentas.

Las pruebas de rotación de inventario implican un proceso similar:

1. Para un año concreto, se puede averiguar la proporción utilizando la fórmula siguiente:

Ratio de rotación de existencias = CGS o Coste de las mercancías vendidas/Inventario medio

2. A continuación, divide el cociente entre 365. El resultado indica el número medio de días que la empresa gira su inventario.

Cuanto más rápido termine la entidad sus operaciones o venda sus existencias, mejor será el manejo de sus activos. Siguiendo los pasos mencionados y utilizando las fórmulas, puede comparar las entidades clave del sector. Esto le permite saber si la empresa objetivo es competitiva o no.

Por el contrario, un ratio de rotación de cuentas por cobrar creciente se considera una bandera roja. Señala que la entidad tiene problemas de liquidez. Cuando las cifras de inventario aumentan o se estancan, esa empresa pública no está vendiendo bien sus productos.

-Considerar la deuda

La deuda es todo lo que una empresa debe. Es un tipo de pago diferido. Cuando se planea hacer una operación, hay dos ratios que hay que mirar y que están directamente relacionados con la deuda de la empresa:

-Relación actual

El ratio actual mide la capacidad de la entidad para pagar sus deudas a corto plazo. Indica a los analistas cómo la empresa puede maximizar los activos corrientes de su balance para satisfacer las deudas, como la deuda corriente. Cuanto más alto sea el ratio, más liquidez a corto plazo tiene la entidad. Un valor inferior a 1 puede indicar una escasa liquidez, lo que sugiere una incapacidad para pagar los pasivos a corto plazo.

Examinando el balance, se puede utilizar la siguiente fórmula para obtener el ratio actual:

Ratio actual = Activo actual/Pasivo actual

-Razón rápida o ácida

Esta medida indica la capacidad de la empresa para pagar su pasivo actual sin tener que vender artículos de su inventario. Además, no implica una financiación adicional. La fórmula para obtener el ratio de acidez es la siguiente:

Ratio de rapidez = Activo actual - Inventario actual/Pasivo actual

Una vez calculadas las dos medidas anteriores, compare los resultados de su empresa objetivo con los de sus competidores. En su lista, incluya sólo las entidades que pertenezcan al mismo sector.

Cuando el ratio actual es inferior al de otros rivales clave, entonces esa empresa pública tiene dificultades para pagar las deudas a corto plazo. Esta es una señal muy fuerte de que la quiebra está cerca. Un ratio actual más alto también es una mala señal, ya que podría indicar una mala utilización de los activos.

Por ello, los operadores del día valoran positivamente las empresas que tienen ratios cercanos a la media del sector. Algunas empresas hacen públicos sus ratios. Lowe's y Home Depot lo hacen.

Por ejemplo, 1:1 es un buen ratio de prueba ácida, ya que indica un buen riesgo de crédito. Cualquier entidad que tenga dificultades para pagar sus pasivos a corto plazo puede no cumplir con todas sus obligaciones a corto plazo en el futuro. Cuando esto es bastante obvio, el precio de las acciones de la empresa caerá.

Cómo emplear el análisis fundamental

Ahora ya conoce todos los indicadores que resultarán beneficiosos para sus esfuerzos de negociación. Por lo tanto, es el momento de aprender a utilizar realmente el análisis fundamental utilizando sus indicadores económicos preferidos.

1. El primer paso que hay que dar es crear una lista de valores rentables que pueda investigar. Puede utilizar un

filtro de valores para filtrar los valores en función de la relación de dividendos, la relación P/E, el sector o los beneficios por acción. A continuación se enumeran algunos de los mejores filtros de valores gratuitos basados en la web:

- ➢ Yahoo! Finanzas

- ➢ Molino de gráficos

- ➢ Zacks

- ➢ StoclFetcher

- ➢ Google Finanzas

- ➢ Stock Rover

- ➢ FinViz

Para limitar los resultados, utilice la opción de búsqueda por un criterio a la vez.

2. Una vez que haya hecho una lista, investigue más examinando los estados financieros. Analice la tasa de crecimiento, los balances, los ingresos netos y las pérdidas y ganancias. Varios años de crecimiento son un buen

indicador, mientras que demasiada deuda es una bandera roja.

3. Después, investigue sus servicios o productos. ¿Tienen algo único? Dentro del sector, ¿son lo suficientemente competitivos? Si su objetivo es hacer day trade o swing trade con una acción pública, considere las perspectivas de futuro de su empresa objetivo.

4. Aunque este paso es opcional, puede resultar beneficioso, especialmente cuando hay ejecutivos, gerentes o miembros del consejo recién elegidos. Encuentre las respuestas a las siguientes preguntas:

> ¿Cuál es su historial de trabajo?

> ¿Tienen una reputación de fracaso o de éxito con otras empresas?

Al negociar con acciones, que hace el mejor uso del análisis fundamental, está poniendo sus ahorros ganados con esfuerzo en manos de ejecutivos. Por lo tanto, es mejor tener en cuenta este paso.

Cuando se tiene todo en cuenta, probablemente acabará con sólo un puñado de candidatos potenciales para su Mula. A partir de aquí, puede empezar a idear su plan de trading y a emplear su sistema de trading. En el capítulo 4 se analizan más a fondo estos aspectos.

Sobre las valoraciones de las acciones

En esta sección, vamos a hablar de cómo utilizar todo lo que ha calculado y recopilado. Esto puede ayudarle a decidir el precio correcto de una acción.

Normalmente, el valor de la acción es la cantidad que los operadores están dispuestos a pagar por ella. Si nadie está dispuesto a comprar una acción sobrevalorada, muchas posiciones tomadas para esa acción permanecerán abiertas hasta que alguien realice una compra o el propietario de la acción la cierre voluntariamente.

En el caso de los activos de gran liquidez, su valor real fluctúa a lo largo del día. Esto es especialmente cierto cuando su volumen de negociación es bastante alto. El AF es una herramienta que los operadores del día utilizan para analizar lo siguiente:

> ➢ Planes de negocio futuros

> ➢ Cuota de mercado

> ➢ Crecimiento de los ingresos

> Ingresos anuales y mensuales

El análisis fundamental permite a los operadores e inversores determinar el precio correcto de una acción. Si actualmente está sobrevalorada en el mercado, solo los principiantes se sentirán atraídos por la operación.

Asimismo, el valor justo puede determinarse con el análisis fundamental. Por lo tanto, se puede determinar si una oferta está por debajo del precio medio (valor justo). Se trata de una buena oferta. Si cree que el precio de la operación no bajará más, entonces es mejor aprovechar esa ganga. Básicamente, el AF analiza el valor financiero para especificar su valor justo (valor intrínseco) mediante la evaluación de factores no financieros, financieros y económicos.

Las seis herramientas de análisis fundamental

Aparte de las medidas y ratios mencionados anteriormente, aquí hay más herramientas que pueden ayudar mucho en el análisis fundamental. Muchas plataformas de negociación ofrecen herramientas gratuitas como el BPA y el ratio P/E. Puede emplear las herramientas que se indican a continuación para maximizar los beneficios de su calendario económico. Con ellas, no operará a ciegas.

-Beneficios por acción

El BPA o beneficio por acción se refiere a los beneficios asignados a cada acción en circulación. Se pueden utilizar dos fórmulas para calcular el BPA:

Beneficio por acción = Beneficio neto/número total de acciones en circulación

Beneficio por acción = Beneficio neto/media ponderada de acciones en circulación

Ratio P/E

El ratio P/E es la abreviatura de price-to-earnings ratio. Esta herramienta permite observar la relación entre el BPA y el precio de una acción concreta. Basándose en los beneficios, presenta el valor de la entidad, así como las expectativas del mercado. Para calcular el ratio P/E, utilice la siguiente fórmula:

Relación entre el precio y los beneficios = valor de mercado o precio de la acción/PEA

-Relación de PEG

Utilizando el PEG o la relación precio-crecimiento, se puede determinar el valor de la acción en cuestión, al tiempo que se puede considerar el crecimiento de los beneficios. La fórmula de esta medida se indica a continuación:

Ratio PEG = Ratio P/E/Tasa de crecimiento de los beneficios

Una vez que tenga el ratio P/E, podrá calcular fácilmente esta medida. Basta con dividir la relación precio-beneficio por la tasa de crecimiento de los beneficios netos de la empresa en un periodo determinado.

-Relación P/B

El ratio P/B determina el valor contable actual por acción en relación con el valor de mercado de las acciones. El valor contable es el activo total de la empresa menos el pasivo actual. Es un excelente indicador de las acciones infravaloradas.

Esta es la fórmula de la relación entre el precio y el libro:

Ratio P/B = Valor de mercado por acción/Valor contable por acción

-Relación de pago de dividendos

También se denomina ratio de reparto. Puede ayudarle a conocer los dividendos que se emiten a los accionistas en relación con los ingresos netos de la entidad. Calculando el ratio de reparto de dividendos, se puede saber cuánto reciben los accionistas por su inversión.

Para ser exactos, el ratio de reparto de dividendos determina la cantidad de dividendos que se pagan trimestral o anualmente. A diferencia de otras herramientas fundamentales, una tasa de pago baja no es una señal de alarma. Esto es especialmente cierto si la empresa está invirtiendo los fondos retenidos para el crecimiento futuro.

Para la fórmula, consulte la siguiente ecuación:

Ratio de reparto de dividendos = Ingresos netos/Dividendos pagados

-Rendimiento de los dividendos

Es la relación entre el dividendo anual y el precio por acción. Un ratio de rentabilidad de dividendos alto puede indicar crecimiento y beneficios elevados. Para calcular la rentabilidad de los dividendos, consulte la siguiente fórmula:

Rentabilidad del dividendo = Dividendo anual/precio actual de la acción

-Retorno de los fondos propios

ROE son las siglas en inglés de rendimiento de los fondos propios. Mide el rendimiento de una entidad en función de sus fondos propios y sus ingresos netos. Su uso en el análisis fundamental permite revelar si una empresa utiliza o no sus activos de forma eficaz para generar beneficios. La fórmula es la siguiente

ROE = Beneficio neto/Fondos propios medios

¿Cuándo utilizar el análisis fundamental?

Con la debida diligencia y una investigación intensiva, puede realizar operaciones inteligentes, en las que minimice sus pérdidas y maximice sus ganancias. Las divisas nacionales no tienen fundamentos. Por eso la mayoría utiliza el análisis técnico en las operaciones de Forex. En el próximo capítulo "Comprender el análisis técnico", hay muchas lecciones en profundidad para el tema. Sin embargo, si usted prefiere operar con dividendos y acciones de empresas, entonces elija el análisis fundamental.

Paso 4: Entender el análisis técnico

Aquí tiene un análisis técnico! ¿Está confundido sobre la diferencia entre AT y AF? Este capítulo está aquí para aclararlo, pero ofrece más que eso. Si el análisis fundamental se ocupa de los valores intrínsecos, el análisis técnico se ocupa de las tendencias y de la acción del precio, es decir, de los cambios en el valor de un valor a lo largo del tiempo.

En eso se centra el análisis técnico. A medida que pasa el tiempo, los precios caen y las tendencias se hacen evidentes. Los patrones pueden durar hasta que se inviertan o cambien debido a noticias o catalizadores. En el comercio, la historia también puede repetirse. El análisis técnico se centra en la acción de los precios y en los datos históricos.

Cuando termine este capítulo, podrá ser un técnico porque adquirirá las habilidades necesarias para realizar análisis técnicos, leer las tendencias en los movimientos de los precios y hacer predicciones precisas. Técnico es otro término para referirse a un analista técnico. Puede empezar utilizando las estadísticas del mercado y los gráficos de precios para diseñar un plan de negociación eficaz.

Cómo empezar

El análisis técnico se utiliza para identificar los acontecimientos que probablemente se produzcan. Para identificar las tendencias, los técnicos utilizan marcos lógicos.

También utilizan marcos lógicos para buscar rupturas y rangos de negociación. Aprenderá más sobre estos términos en las siguientes secciones.

Para entender los métodos de los técnicos, es necesario conocer los siguientes conceptos de análisis técnico:

> Los desequilibrios entre la demanda y la oferta provocan fluctuaciones en los precios.

> Las acciones de los precios no siempre son aleatorias.

> Todo está en el precio.

Puede encontrar todo en el precio

A diferencia del AF, el análisis técnico no se ocupa de los indicadores fundamentales, como los últimos estados financieros o el informe de los analistas. Por lo tanto, los factores que forman parte del AF no intervienen en el análisis técnico.

Los analistas financieros examinan los precios presentes, futuros y pasados de los valores. Hacen mucho hincapié en los datos históricos de los precios y los examinan.

Los técnicos, en cambio, se centran en lo que representa el precio. Basan sus predicciones y operaciones en lo que ven.

No obstante, puede combinar el AT y el AF para obtener una estrategia óptima. Aprenderá cómo hacerlo en las últimas secciones de este capítulo.

Los precios no siempre son aleatorios

A veces, los precios suben, y a menudo, si los indicadores están a favor, siguen subiendo hasta alcanzar el precio máximo del día.

Por supuesto, también pueden disminuir, y sus valores fluctúan. Cuando se mueven en una dirección concreta a lo largo del tiempo, se puede decir que hay una "tendencia".

Entre los momentos de tendencia pueden aparecer acciones aleatorias de los precios. Si amplía los movimientos de los precios, podrá ver que los rangos de negociación están formados por varias mini tendencias. Cuanto más se amplíe, más se verá que los precios no son siempre aleatorios.

Mirando el Intradía

Básicamente, el AT identifica los periodos en los que se producen tendencias. Por lo general, los operadores técnicos basan sus operaciones en los mercados en tendencia. Intentan determinar cuándo comenzarán las tendencias o cuándo terminarán. Se centran en las mini tendencias o en las tendencias de larga duración. Otros hacen ambas cosas.

Al observar los gráficos de precios intradía (es decir, que ocurren dentro del día), se pueden ver ejemplos de rangos de negociación y mini tendencias. Sin embargo, los dos elementos mencionados en los gráficos de precios son inútiles para los inversores y los swing traders. Son aquellos que suelen tomar posiciones largas durante meses.

Para ser sinceros, es imposible saber con exactitud, con un 100% de precisión, en qué dirección se moverá el precio de un valor. Sin embargo, puede hacer una conjetura con casi un cien por cien de certeza. Con el análisis técnico, puede llegar a esa predicción para ganar dinero.

Recuerde que la historia se repite. Cuando las acciones siguen patrones conocidos, la misma tendencia, que fue notable en el pasado, podría volver a ocurrir.

En el comercio, el estudio del pasado puede ayudar a entender cómo se mueven los precios y los mercados. Los patrones de las fluctuaciones de los precios se repiten una y otra vez. Como operador, su principal tarea es prepararse para la siguiente oportunidad evidente de ganar dinero.

Los 3 componentes más importantes

Los gráficos, las pautas y los indicadores son vitales para el AT. Los patrones no pueden existir sin un gráfico. No se puede detectar uno sin un gráfico. Esto muestra y ayuda a visualizar los movimientos de los precios y los patrones que forman. Disponer de una plataforma o aplicación de gráficos puede facilitar el trading.

Téngalo en cuenta a la hora de elegir un bróker. En caso de que su plataforma preferida no tenga un sistema de gráficos, entonces utilice un escáner de valores en tiempo real.

Por ejemplo, Investagram y StocksToTrade, dos escáneres de valores en tiempo real, pueden utilizarse para realizar gráficos y análisis técnicos. Estas aplicaciones también ofrecen la función Paper Trading. Esto permite realizar simulaciones de operaciones y de detección de patrones. Estas funciones pueden ser valiosas para los operadores principiantes.

Análisis técnico: La guía completa paso a paso

1. Comprender las teorías que sustentan el AT

A partir de las teorías de Charles Dow sobre el mercado de valores, se conceptualizó el análisis técnico. Durante décadas, ha guiado el enfoque de los técnicos hacia los mercados financieros. A continuación se describen las teorías con detalles de su interpretación para el análisis técnico.

-Los cambios en el mercado reflejan todos los datos conocidos

Los técnicos deducen que los movimientos de precios de un valor financiero y su volumen de negociación representan toda la información disponible necesaria para hacer predicciones muy precisas. De ahí que los listados de precios puedan considerarse como el valor razonable, una medida amplia del valor de un activo.

-Las acciones de los precios a menudo pueden predecirse y graficarse

Como se ha mencionado anteriormente, los precios pueden moverse de forma aleatoria. Sin embargo, hay veces en que sus movimientos son predecibles. Con cada tendencia identificada, surge una oportunidad de ganar dinero.

Existen muchas estrategias de negociación. Puede comprar a la baja y vender a la alta durante un mercado alcista o vender en corto durante un mercado bajista cuando los precios están cayendo. Si ajusta aún más la duración del análisis, podrá detectar tendencias a largo y corto plazo.

-La historia se repetirá

Según Investopedia, la mayoría de los operadores e inversores no cambian sus hábitos de negociación, estrategias y motivaciones de la noche a la mañana. Es de esperar que muestren comportamientos repetitivos ante condiciones conocidas. Sus comportamientos pueden afectar al mercado en el que se encuentran, ya que ellos y sus motivaciones pueden afectar colectivamente a las futuras acciones de los precios.

Puede utilizar este conocimiento para beneficiarse de cada tendencia histórica que se repite. Es evidente que el AT tiene en cuenta el comportamiento del mercado y las acciones humanas, aunque evite los valores intrínsecos.

Los principios de trading mencionados no son siempre apropiados; sin embargo, muchos traders, incluyendo a Tim Sykes, Warren Buffet y Ross Cameron, los consideran como sus máximas. Míralos ahora. Son una de las personas más ricas del mundo. Buffet, en particular, se encuentra entre los 100 hombres más ricos de Forbes.

2. Buscar resultados inmediatos

A diferencia del AF, que tiene en cuenta los datos financieros y los balances, el AT se centra en periodos tan cortos como unos minutos y no más de cuatro semanas. Según Bloomberg Businessweek, el análisis técnico es adecuado para personas que toman posiciones cortas, como los operadores del día.

3. Detectar tendencias mediante la lectura de gráficos

Los técnicos suelen fijarse en los gráficos y tablas de precios de los valores. Intentan detectar la dirección futura del valor de su activo objetivo, pasando por alto las fluctuaciones individuales. Los analistas técnicos clasifican las tendencias por duración y tipo:

-Uptrends

Las tendencias alcistas se caracterizan por tener mínimos y máximos que se vuelven progresivamente más altos. Al igual que otros tipos de tendencias, las tendencias alcistas también se componen de mini tendencias.

-Downtrends

Son lo contrario de las tendencias alcistas. Puede detectar las mini tendencias si utiliza una herramienta de aumento. Los mínimos y máximos sucesivos que son progresivamente más bajos caracterizan las tendencias bajistas.

-Tendencias horizontales

Las tendencias horizontales tienen una dirección consistente, que está en una línea casi recta. Estas fallas cambian con respecto a las fluctuaciones anteriores de los precios. Cuando las fuerzas de la demanda y la oferta son casi iguales, se producen tendencias horizontales o laterales. Esto es común durante los períodos de consolidación.

-Líneas de tendencia

Las líneas de tendencia conectan los máximos sucesivos, punto por punto. El trazado de líneas de tendencia agiliza el proceso de detección de tendencias. Las líneas de tendencia también se denominan "líneas de canal".

-Intermedia las tendencias

Las tendencias intermedias duran al menos 30 días, pero no duran más de un año. Están formadas por tendencias a corto plazo.

-Tendencias a corto plazo

Las tendencias a corto plazo duran al menos un mes. Las tendencias principales se componen de tendencias intermedias y a corto plazo.

-Tendencias principales

Éstas duran más de 12 meses. A menudo, las grandes tendencias no tienen una dirección consistente. Por ejemplo, un mercado alcista de dos semanas puede caer repentinamente y convertirse en un mercado bajista en la tercera semana. Esto podría durar más de 3 semanas. El mercado alcista es una tendencia a corto plazo, mientras que el mercado bajista es un ejemplo de tendencia intermedia.

Los cuatro gráficos

Los técnicos utilizan cuatro tipos de gráficos:

a) Los gráficos de líneas son para cerrar posiciones durante un periodo.

b) Los gráficos de barras y velas se utilizan para visualizar los precios mínimos y máximos entre periodos y para periodos comerciales completos.

c) Los gráficos de puntos y figuras muestran las acciones de los precios más destacadas en un marco temporal determinado.

A lo largo de los años, desde la conceptualización del análisis técnico, los técnicos y los operadores han acuñado las frases mencionadas para los patrones que aparecen en los gráficos utilizados para el AT.

He aquí otras tendencias dignas de mención que hay que tener en cuenta:

> Un patrón o tendencia que se asemeja a una copa con asa suele indicar que una tendencia alcista puede continuar tras una breve corrección.

> Una tendencia de platillo o de fondo descendente indica un largo periodo de fondo antes de una tendencia alcista significativa.

> Un patrón de doble fondo o techo indica dos intentos fallidos de superar un precio mínimo o máximo. Una tendencia de reversión a menudo sigue a esto.

> Del mismo modo, un triple fondo o un triple techo muestran tres intentos fallidos. También preceden a un retroceso.

4. Conocer el soporte y la resistencia

El soporte y la resistencia son conceptos muy utilizados en el comercio de divisas. Observe el siguiente diagrama. El patrón de zigzag ascendente se parece a un mercado alcista. Cuando el precio alcanza un pico e inmediatamente retrocede, el punto del pico se conoce como "resistencia". El punto más bajo se llama "soporte". Una tendencia se compone de muchos soportes y resistencias. Las resistencias sugieren que habrá un exceso de ventas. Los niveles de soporte, en cambio, indican un inminente excedente de compradores. En este sentido, las resistencias y los soportes se forman continuamente tanto si el precio se mueve generalmente hacia arriba como hacia abajo. Por lo tanto, esto sigue siendo cierto durante una tendencia alcista o bajista.

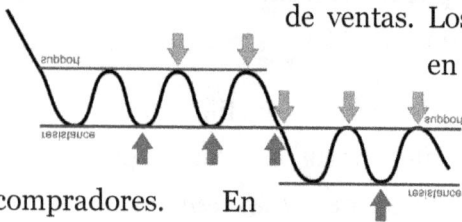

Los operadores negocian el "rebote". "Comprar un rebote" significa que se compra un valor financiero después de que su valor haya alcanzado un nivel de soporte. Esto puede provocar un movimiento secundario que permita a los operadores obtener beneficios de la corrección a corto plazo. Aparte de las operaciones de rebote, las siguientes estrategias también hacen uso de los niveles de soporte y resistencia:

a) Tome una posición de compra cuando el precio caiga o esté cayendo hacia el soporte

b) Tome una posición de venta cuando el precio suba o esté subiendo hacia la resistencia

c) Vender cuando el precio del activo rompa el nivel de soporte

d) Realice una compra cuando el precio del valor supere la resistencia

-Cómo trazar soportes y resistencias

Los niveles de soporte y resistencia no son números exactos. A menudo, verá uno de ellos con una figura que parece rota. En los gráficos de velas, como el ejemplo siguiente, las pruebas se representan con sombras que aparecen como velas.

Las sombras probaron el nivel de soporte, que no es un número entero. En estos casos, el mercado está "rompiendo el soporte", y el mercado sólo está probando ese nivel o está siendo probado.

En el AT, una prueba es cuando el precio de un activo se acerca a una resistencia o un soporte establecido. Si el precio se mantiene dentro de los niveles de soporte y resistencia, se puede decir que la prueba pasa. Si el precio alcanza nuevos máximos o mínimos, entonces falla.

¿Cuál es el propósito de esto? Los resultados de estas pruebas determinan la precisión de las señales y los patrones. Estas son las formaciones distintivas de los movimientos de los precios en un gráfico. Los patrones son la base del análisis técnico. Conectan puntos de precios comunes, como máximos y mínimos o precios de cierre, en un periodo determinado. En general, los operadores y analistas utilizan pruebas para confirmar los niveles de soporte y resistencia de una acción, una divisa u otro valor.

-Indicación de niveles de soporte y resistencia rotos

No hay una respuesta definitiva a esto. Algunos operadores afirman que los niveles se consideran rotos cuando el valor del activo puede cerrar más allá de ese nivel. Al trazar los niveles de soportes y resistencias, evite las rupturas y los decimales. En su lugar, céntrese en los movimientos intencionados y en los números enteros en la medida de lo posible.

Consulta el siguiente gráfico. En el ejemplo, lo mejor es trazar los puntos alrededor de las zonas que forman valles o picos. Son los mínimos y los máximos, respectivamente.

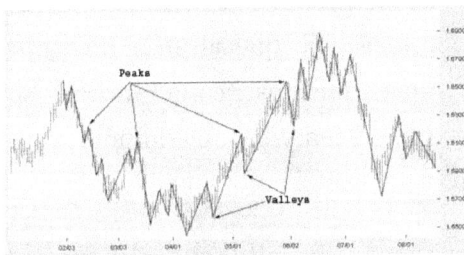

-Recortes sobre el soporte y la resistencia

a) Cuando el precio del activo atraviesa un nivel de resistencia o el punto más alto del gráfico, esa resistencia puede convertirse pronto en soporte.

b) Una ruptura es un precio que se mueve fuera de un nivel de resistencia o soporte predefinido, con un volumen creciente. Los operadores de ruptura toman una posición larga cuando el precio supera el nivel de resistencia. Toman una posición corta cuando el precio rompe por debajo del soporte.

c) Los indicadores MACD y RSI, que se analizan en las siguientes secciones, se utilizan para medir la fuerza de una ruptura.

d) Cuando se supera un nivel, la fuerza del seguimiento depende de lo fuerte que sea la ruptura de la resistencia o del soporte.

e) El soporte es el valor más bajo que alcanza un valor financiero antes de que muchos compradores se aprovechen de la situación, entren y hagan compras. Esto hace que el precio suba.

f) La resistencia es el valor más alto que alcanza un instrumento financiero antes de que los operadores empiecen a vender y provoquen otro descenso del precio. Es lo que se conoce más comúnmente como "precio máximo".

En conclusión, el precio mínimo es la línea de fondo del activo en cuestión. También se llama nivel de soporte, y el precio techo es el nivel de resistencia. Estos términos se utilizan para la confirmación de un patrón o tendencia y para determinar cuándo es la próxima reversión.

5. Estudiar el volumen de operaciones

Una vez que haya terminado de observar las tendencias, debe tener en cuenta el volumen de operaciones del activo en cuestión. Hacerlo valida aún más la existencia de la tendencia y ayuda a predecir cuándo es la inversión exacta. Si el volumen sube o baja ligeramente a medida que el valor del activo sube, entonces la tendencia es válida y puede experimentar pronto una inversión.

- ¿Cómo medir el volumen de negociación con el análisis técnico?

El volumen de negociación mide la cantidad de valores específicos que se han negociado en un periodo determinado. Por ejemplo, el volumen de las acciones se mide en número de acciones públicas negociadas.

En el caso de las opciones y los futuros, el volumen de negociación se basa en el número de contratos o CFD que han cambiado de manos. Los indicadores y las cifras que utilizan los datos de volumen se proporcionan con los gráficos en línea.

La observación de las pautas del volumen de operaciones puede darle una idea de la convicción y la fuerza que hay detrás de las tendencias de valores específicos y de mercados enteros. Lo mismo puede decirse de la negociación diaria de opciones y futuros. El volumen en dichos mercados sirve como *indicador* del sentimiento de mercado de los participantes.

El volumen desempeña un papel integral en el AT, ya que también cuenta con indicadores técnicos destacados:

➢ El volumen puede ayudarle a medir el número de acciones/futuros/opciones públicas que se negocian en una acción o contratos.

➢ Los especuladores consideran que el volumen es un indicador de la fortaleza del mercado. Los mercados en alza con un volumen creciente se consideran sanos y fuertes.

➢ Cuando los precios están cayendo mientras el volumen está aumentando, la tendencia en el gráfico se está preparando para tocar fondo.

➢ Cuando los precios alcanzan máximos mientras el volumen disminuye, es posible que se esté produciendo un retroceso. Esté atento a esto.

➢ El indicador Klinger y el volumen de balance son algunas herramientas gráficas basadas en el volumen de negociación.

6. Filtrar las fluctuaciones menores mediante el uso de MAs

Las MA son las siglas de las medias móviles. Una MA es una serie de medias medidas. Se calculan sobre periodos iguales.

El objetivo de este paso es eliminar los mínimos y máximos irrelevantes y agilizar todo el proceso de análisis técnico. En concreto, puede ayudar a leer los patrones/tendencias generales.

El trazado de los precios con respecto a las MA facilita la detección de los retrocesos. Para ello se pueden utilizar muchos métodos de cálculo de medias:

-Encontrar el SMA

La SMA o media móvil simple puede calcularse sumando todos los precios de cierre de un período determinado. A continuación, se divide la suma por el número total de sumandos.

-Encontrar el LMA

LMA significa media ponderada lineal. Para calcular la LMA, se enumeran todos los precios de un periodo determinado y se multiplican por su posición. A continuación, sume todos los precios trazados. A continuación, debe dividir la suma por el número de sumandos. Por ejemplo, en 4 días, el primer precio se multiplica por uno, el segundo por dos, y así sucesivamente.

-Encontrar la EMA

La EMA o media móvil exponencial puede compararse con la LMA. Pondera los últimos precios. Para calcular la EMA, siga las siguientes instrucciones:

1) Calcular la media móvil simple

2) Calcular el multiplicador para ponderar la EMA

3) Por último, calcula la EMA actual

El cálculo de la SMA es similar al de la media o el promedio. Es decir, la media móvil simple para cualquier período de tiempo es la suma de los precios de cierre para el período de tiempo. La suma se divide entonces por ese mismo número.

Por ejemplo, un SMA de 5 días es la suma de los precios de cierre de los últimos 5 días, dividida por 5.

7. Utilice los osciladores e indicadores para respaldar sus hallazgos

En el análisis técnico, los indicadores se consideran cálculos. Apoyan los datos recogidos de las tendencias en un gráfico de líneas, que se desprenden de los movimientos de los precios. El uso de indicadores puede aumentar la precisión de sus predicciones. Las MAs descritas en el paso anterior son un indicador. Es posible que los indicadores tengan decimales. Otros se limitan a un rango, como de 1 a 100.

Para comprender mejor los osciladores e indicadores, consulte los puntos clave que se indican a continuación.

Los indicadores pueden ser rezagados o líderes. Los indicadores adelantados pueden predecir las acciones de los precios y son útiles para leer las tendencias horizontales. Pueden señalar tendencias bajistas o alcistas. Mientras que los indicadores rezagados ayudan a confirmar las acciones de los precios. Son más útiles en momentos de tendencias bajistas y alcistas.

-Ejemplos de indicadores de tendencia son los indicadores ADX y Aroon. El ADX utiliza indicadores direccionales tanto negativos como positivos. Puede determinar la fuerza de una tendencia bajista o alcista inminente. La escala utilizada es de cero a cien. Si el valor es inferior a 20, la probabilidad de la tendencia es baja. Los valores superiores a 40 son señal de una tendencia fuerte.

-El indicador Aroon, por su parte, traza la duración de los precios de negociación más bajos y altos. Los datos de salida determinan la fuerza y la naturaleza de la tendencia. También ayuda a predecir cuándo surgirá la siguiente tendencia.

-El OBV es un indicador que se relaciona con el volumen de negociación. Abarca todo el volumen de negociación de un valor durante un periodo determinado. Un OBV con un valor positivo implica que el precio del activo está aumentando; un valor negativo aparecerá cuando el precio esté disminuyendo.

-Sobre el RSI y el oscilador estocástico

Tanto el oscilador estocástico como el RSI miden la frecuencia de las operaciones del valor en cuestión. El índice oscila entre cero y cien. Si el valor es superior a setenta, el activo se está comprando con demasiada frecuencia. Un valor inferior a treinta indica que muchos están vendiendo el activo a un ritmo muy rápido.

Normalmente, el RSI se utiliza durante períodos de dos semanas. Esto hace que tenga una gran liquidez. Además, el oscilador estocástico oscila entre cero y cien y señala las compras frecuentes a más de ochenta. La venta frecuente es evidente en un valor inferior a veinte.

Si negocia con margen para poder revender el valor a un precio más alto en una fecha posterior, esperar a que el precio alcance el soporte le brinda la oportunidad de ganar dinero. En el futuro, tendrá que devolver el dinero a su corredor. Sin embargo, ya ha obtenido un beneficio.

También puede vender en la fuerza y comprar en el retroceso. Un pullback es una inversión de una tendencia alcista. Esto ofrece una pequeña oportunidad de comprar a un precio bajo. Esta es otra frase para "comprar bajo y vender alto". A menudo, los operadores experimentados compran activos de cualquier tipo cuando se están valorando a un precio alto. Puede hacerlo en el nivel de resistencia o cerca del pico.

Elección de un corredor, estrategia de AT y sistema de negociación

El objetivo principal de esta sección es guiarle a través del proceso de diseño de su propio sistema de negociación. Puede que no le lleve mucho tiempo desarrollar uno, pero probarlo y elegir un corredor puede llevarle algún tiempo.

Una vez que tenga un sistema y una estrategia de negociación, conozca las características, los indicadores, los datos de los valores y los gráficos que necesita para el análisis técnico. Su corredor debería poder proporcionarle las herramientas. Si no, puede utilizar herramientas de terceros, como programas de gráficos y escáneres de valores en tiempo real.

1. Elija una estrategia para su estilo de negociación

¿Prefiere operar con acciones, con Forex o con futuros? ¿Qué prefieres, posición larga o posición corta? No hay dos traders, así que aunque copie las estrategias de los traders más experimentados, no está garantizado que le funcione.

¿Sabe qué es lo mejor? Tiene que diseñar su propia estrategia. Puede ser una versión modificada de la estrategia de trading de su trader favorito. Sin embargo, la ha hecho suya, haciéndola compatible con su personalidad y su capital. A continuación le explicamos cómo puede hacerlo:

a) Formar su ideología de mercado

Como comerciante, tiene que ser un lector. Así es como puede superar este paso. Tiene que investigar e investigar.

En primer lugar, debe conocer los indicadores que afectan a su valor preferido para operar. Pregúntese: "¿Cuáles son las grandes entidades que pueden controlar su valor?". "¿Debe utilizar el análisis técnico o el análisis fundamental?

En este paso, evite los estilos de hacerse rico. Piense en el volumen de operaciones y en la oferta y la demanda del mercado. Su ideología de mercado le ayudará a dar forma a los pasos siguientes.

b) Elija un mercado

Su futura plataforma de negociación debe tener buenas ofertas para negociar el valor. Por ejemplo, el comercio de divisas implica vender con una cotización. Si prefiere negociar con acciones, necesita opciones para elegir acciones de un centavo o acciones de primer orden. La regla de oro en este paso es entender su mercado preferido y la plataforma de negociación elegida.

c) Seleccione un periodo de tiempo

¿Debe optar por los marcos temporales de 5 minutos o por los de una hora? ¿Es usted apto para leer gráficos diarios? La respuesta a estas preguntas es su disponibilidad. Si tiene tiempo libre para observar el mercado como un buitre al acecho, entonces opte por los marcos temporales de una hora.

Los plazos cortos son los más adecuados para quienes tratan el trading como una actividad secundaria. Si tiene un trabajo a tiempo completo, no podrá comprometerse con plazos de una hora. En este caso, puede trabajar con gráficos al final del día. En cualquier caso, asegúrese de que su corredor ofrece o tiene acceso a las herramientas de gráficos que necesita.

d) Elija sus herramientas para observar las tendencias

Usted opera cuando el precio del activo está subiendo, y puede utilizar una Barra Pin alcista para iniciar su operación. Del mismo modo, no operará cuando vea una barra Gimme.

Más bien, la herramienta se utiliza para confirmar si el precio del activo se está desviando o no. También se utiliza para entrar en el mercado.

Usted utiliza herramientas y programas para observar las estadísticas de precios en tiempo real y juzgar el contexto del mercado. Además de los indicadores técnicos, como las MA y el MACD, las herramientas de movimiento de precios, como las líneas de tendencia y los pivotes de oscilación, pueden resultar útiles.

e) Planificar el desencadenante de la salida

Al igual que la entrada en una operación, la salida también debe planificarse. Aquí es donde las órdenes de stop/pérdida resultan beneficiosas. Recuerde que el mercado no estará siempre a su favor. Si alcanza una cantidad específica de pérdidas, puede salirse automáticamente.

f) Definir los riesgos

En el próximo capítulo, aprenderá más sobre los riesgos del comercio electrónico y cómo mitigarlos.

Una vez que haya planificado sus reglas de salida y entrada con el uso de herramientas y activadores, puede empezar a trabajar en la gestión de riesgos.

El tamaño de la posición puede ayudarle a reducir los riesgos y mejorar la precisión. Para cualquier configuración de la operación, el tamaño de la posición define la cantidad de dinero que pondrá en juego. Por ejemplo, si triplica el tamaño de su operación, también está triplicando los riesgos. En el capítulo..., puede aprender a mitigar los riesgos de las operaciones.

g) Anote sus reglas de negociación

Puede hacer este paso en papel o con la ayuda de su fiel ordenador personal. Al hacer esto, tendrá un método firme y robusto que fomenta la consistencia y la disciplina. Al crear un registro de su estrategia y las reglas que tiene para su estilo, puede reutilizarlo para otros tipos de operaciones y ser capaz de refinarlo con facilidad.

h) Utilizar las pruebas retrospectivas

Una vez escritas sus reglas de negociación, puede realizar un backtesting. Para ello, tiene que reproducir las acciones de los precios del mercado, volver a estudiar las tendencias y registrar las operaciones manualmente. Por último, tiene que probar su estrategia y sus operaciones utilizando su gráfico y las tendencias anteriores.

Vea y compruebe si puede obtener beneficios con sus predicciones jugando con su estrategia y los datos históricos. Elige un marco temporal determinado y empieza por ahí.

Con sus reglas escritas, ahora puede hacer un backtest de la estrategia. Revisar las operaciones manualmente es un buen método para desarrollar un instinto de mercado, más que confiar en los generadores de datos en los que simplemente se introducen datos y se tienen los resultados en la pantalla en cuestión de segundos.

i) Perfeccionar la estrategia de negociación

Tras el backtesting, puede tener una idea general de las áreas clave que necesitan mejorar. ¿Funciona su orden de stop/loss para su capital? ¿Fueron precisas sus predicciones de prueba? ¿Cuál fue la probabilidad de éxito? Estos son los consejos que puede utilizar para este paso:

> Utilice una cuenta demo para sus pruebas y backtests.

> Revise sus operaciones diarias, ya sean simuladas o reales.

> Adapte su plan de trading en función de su revisión.

2. Identificar los valores

Tenga en cuenta que no todos los tipos de valores financieros se adaptan a su estrategia. En este paso, debe hacerse las siguientes preguntas:

> ➤ ¿Mis reglas y mi sistema de negociación son ideales para los valores volátiles o para los estables?

> ➤ ¿Puedo obtener todos los recursos necesarios para mi análisis?

> ➤ ¿Tengo los fondos necesarios para obtener una buena cantidad de beneficios en cada operación?

> ➤ ¿Qué posición voy a tomar?

Los distintos valores también requieren parámetros diferentes. En el ejemplo mencionado, una MA de 15 y 50 días sería adecuada.

3. Elegir el corredor adecuado

El corredor, la plataforma y la cuenta de operaciones que elija deben ser compatibles con su valor preferido (por ejemplo, opciones, acciones, futuros, Forex, opciones, etc.). Sobre todo, debe ofrecer las funcionalidades necesarias para el seguimiento y la observación de los indicadores seleccionados, minimizando los costes y maximizando los beneficios. Para el ejemplo anterior, una cuenta de trading básica con MAs en gráficos de velas sería adecuada.

➢ En primer lugar, deben ser capaces de proporcionar una cuenta de demostración.

➢ Combine su estilo con un corredor que cobre la menor cantidad de comisiones

➢ No se limite a comparar las comisiones. También debe tener en cuenta otros costes, como los gastos de servicio y los intereses de los márgenes.

➢ El corredor debe ser accesible. Además, debe averiguar quién les cubre si están o no regulados. Elija sólo corredores que estén regulados.

➢ Puede conseguir referencias. ¿Conoce a alguien que haya sido un comerciante experimentado? Pídale consejo.

➢ Evite a los corredores que insisten en realizar grandes inversiones de las que pueden beneficiarse en gran medida. Averigüe el importe de las comisiones y cómo se determinan.

➢ Examine sus normas sobre márgenes y las comisiones por cada transacción. Compruebe también si hay tasas y cargos adicionales.

➢ Tenga cuidado con los corredores con grandes descuentos. Sus descuentos pueden tener cargos ocultos o comisiones elevadas.

➢ La facilidad de uso es también otra característica a tener en cuenta. Hay que tener en cuenta la interfaz y la capacidad de respuesta del sitio web, así como las personas que lo gestionan. Cuando necesite ayuda o respuesta a una consulta, su equipo de atención al cliente debe estar disponible durante el horario comercial y debe haber una sección de preguntas frecuentes y directrices.

➤ La facilidad para retirar y depositar y los requisitos de margen también son muy importantes. La fiabilidad es lo que necesita para obtener sus beneficios rápidamente. ¿Cuántas horas por día tardan en procesar sus solicitudes de depósito y pago? Cuando se trata de retirar sus ganancias y cumplir con las opciones para salir del mercado, deben ser confiables.

➤ Si no cumplen la normativa, tienen que responder ante los reguladores. Se les revocará la licencia y se enfrentarán a tasas y cargos penales si hacen algo con los fondos de los operadores. Por eso hay que elegir un corredor con licencia. La Comisión del Mercado de Valores de Estados Unidos (SEC) y la Autoridad de Regulación Financiera (FINRA) son algunos ejemplos de estos organismos reguladores.

➤ Para cada corredor que revise, siempre considere su recepción. ¿Tienen buenas críticas? Visite sitios web como brokerchoosers.com y Forexbrokers.com. Al hacerlo, puede tener una idea general de las experiencias de la mayoría de sus usuarios.

5. Seguimiento de las operaciones y herramientas adicionales

Los operadores diurnos necesitan varios niveles de funcionalidad. ¿Qué significa esto? Por ejemplo, puede necesitar una cuenta de margen que le proporcione acceso a las cotizaciones de nivel 2 y a la función denominada "visibilidad del creador de mercado".

También se necesitan herramientas adicionales. ¿Cuáles son las herramientas más importantes en el day trading? Estas son las herramientas y servicios necesarios para el day trading:

> Software de noticias de última hora

> Aplicación de gráficos

> Escáner de mercado en tiempo real/creador de mercado

> Software de escaneo

Puede necesitar alertas telefónicas y por correo electrónico. Esto puede ser muy útil cuando operas con márgenes. Además, debe estar atento a los movimientos de los precios. Dejar pasar una oportunidad delante de sus narices sería una oportunidad perdida para siempre.

Por último, un sistema de comercio automatizado también podría ser beneficioso para usted, especialmente si necesita que alguien o algo ejecute las operaciones en su nombre.

Más consejos y comprensión de los factores de riesgo

El comercio es un reto. Es un hecho. Los operadores de día lo tienen más difícil que los inversores y los swing traders. Tienen que estudiar el mercado y los gráficos casi todos los días. Como operador de día, tiene que hacer sus deberes a conciencia.

A continuación le ofrecemos algunos consejos más de los que puede beneficiarse:

> Realice una prueba retrospectiva de su estrategia de negociación. Tiene que ver cómo funcionan su estilo de negociación y su estrategia. De este modo, podrá comprobar la eficacia y la exactitud de sus predicciones con su análisis. No haga trampas. Elija una

duración y una fecha de inicio y fin, y comience su primera prueba a partir de ahí.

➤ No hay necesidad de apresurarse. Debe considerar la posibilidad de practicar utilizando una cuenta de demostración una vez que haya terminado de leer este libro y después de idear su sistema y sus planes de trading. Después de esto, inicie sesión en su plataforma preferida y realice operaciones "simuladas" con una cuenta de práctica.

➤ Recuerde, sea siempre flexible, especialmente cuando opere con márgenes. Los corredores pueden cambiar sus políticas, por lo que tiene que estar preparado con los requisitos futuros.

➤ Una vez que haya elegido un corredor, primero haga una cuenta de prueba antes de depositar dinero o pasar a un plan VIP o premium.

➤ Warren Buffet, uno de los 10 más ricos del mundo según Forbe, dijo: "Empieza con algo pequeño y amplíalo a medida que vayas mejorando".

Uso de la AT y la AF para una estrategia óptima

El análisis técnico evolucionó a partir de las teorías bursátiles de Dow. El AT pretende predecir los precios futuros de los activos negociables, basándose en el rendimiento y los precios históricos. Por su parte, el análisis fundamental tiene en cuenta los valores intrínsecos que podrían determinar la acción del precio y la situación futura de un activo. Tanto el AF como el AT utilizan la ley de la oferta y la demanda para identificar las tendencias, beneficiarse de ellas y comprender el funcionamiento de los mercados.

Muchos operadores diarios e inversores aprovechan el análisis técnico y fundamental a la hora de tomar decisiones de negociación. El AT puede llenar las lagunas de conocimiento que el AF no puede proporcionar. Además, el AF puede hacer que los resultados del AT sean más precisos y fáciles de aplicar. Utilizando ambos, puede mejorar la rentabilidad ajustada al riesgo a largo plazo. En el capítulo 6, puede obtener más conocimientos sobre los riesgos de las operaciones.

Resumen del capítulo

Muchos operadores analizan las acciones y otros activos basándose en sus fundamentos, como los ingresos, las tendencias del sector y la valoración. Sin embargo, estos valores intrínsecos no se reflejan en el precio del activo.

El análisis técnico, por su parte, pretende predecir la acción de los precios examinando los datos de precios pasados y el volumen histórico de operaciones. El AT ayuda tanto a los inversores como a los especuladores a reducir la diferencia entre el precio de mercado y el valor intrínseco mediante el aprovechamiento de estrategias de negociación, como la economía del comportamiento y el análisis estadístico.

En esencia, el AT orienta a los operadores sobre lo que puede ocurrir utilizando datos anteriores. Para tomar decisiones, la mayoría de los especuladores utilizan tanto el análisis fundamental como el técnico.

Paso 5: Saber más sobre el Day Trading

Hay dos tipos de operadores profesionales: los coberturistas y los especuladores. Los coberturistas buscan protección contra las variaciones de precios. Los especuladores buscan obtener beneficios de los movimientos de los precios, es decir, de la acción del precio de un valor trazada a lo largo del tiempo. Los cambios de precios son la base de todos los tipos de análisis técnicos utilizados en el comercio electrónico. Los operadores a corto plazo, como los operadores diarios, se basan en gran medida en la acción de los precios.

Las tendencias y formaciones extrapoladas a partir de los datos históricos, a través del análisis, ayudan a formular decisiones comerciales acertadas. Los coberturistas, a diferencia de los especuladores, toman sus decisiones de negociación (compra y venta) como un seguro. Los especuladores eligen sus posiciones para obtener beneficios, compensando su exposición en otros mercados.

El papel del Day Trading

Para aclarar todo lo que se ha dicho, tomemos como ejemplo una empresa de transformación de alimentos. El trabajador cualificado, que cría los ingredientes necesarios para la fabricación, como el maíz y la carne, adquiere contratos futuros sobre esos ingredientes.

De este modo, si los precios suben, los beneficios previstos de la organización disminuyen. Esto puede suponer un compromiso para la empresa. El agricultor, en cambio, se beneficia si los precios suben y sufre si el precio de venta disminuye.

Para protegerse de ello, el agricultor puede vender futuros sobre sus productos básicos. ¿Qué son los futuros? Los futuros son contratos financieros. Estos contratos obligan a los compradores a comprar activos por adelantado u obligan a los vendedores a vender activos.

Los contratos de futuros tienen precios y fechas futuras predeterminadas. Los futuros cubren la acción del precio de los activos subyacentes. Este movimiento ayuda a prevenir pérdidas por acciones de precios desfavorables. En el ejemplo anterior, el comprador es la empresa y el agricultor es el vendedor.

El agricultor puede vender futuros sobre sus productos para protegerse de cualquier descenso de los precios. Su posición de futuros en el comercio sólo ganará dinero si el precio baja, ya que compensa la disminución de los precios de sus productos. Además, con los contratos de futuros, perderá dinero a causa de los contratos, pero los beneficios de su cosecha compensan la pérdida.

Los mercados de productos básicos se crearon para ayudar a los agricultores y ganaderos a encontrar compradores y gestionar los riesgos. Los mercados de bonos y acciones, en cambio, crean incentivos para que los inversores y compradores financien sus empresas. La especulación, el acto de negociar con una alta probabilidad de perder valor, pero también con una alta probabilidad de obtener una ganancia significativa, está presente en todos estos mercados. La especulación también es habitual en el mercado de divisas, las acciones, las criptomonedas, las opciones y otros mercados electrónicos.

Los operadores del día son especuladores. Son personas sofisticadas que compran activos por períodos cortos. Emplean estrategias de negociación para obtener beneficios de las variaciones de los precios. Al igual que los coberturistas, son importantes para los mercados porque fomentan la liquidez y mantienen activo el valor de los activos.

Los especuladores realizan operaciones diarias para ganar dinero a partir de la situación actual de los mercados. Gestionan los riesgos asignando el dinero mediante órdenes stop y limitadas, pero no toman posiciones largas. Sus órdenes se cierran en cuanto se alcanzan los niveles de precios establecidos.

A diferencia de los coberturistas, los operadores del día no gestionan sus riesgos compensando posiciones. En cambio, emplean técnicas y estrategias que pueden limitar las pérdidas. Esto se tratará con más detalle en las secciones siguientes. Por ejemplo, emplean tácticas de gestión del dinero y órdenes de límite o stop. Cualquier mercado electrónico tiene coberturistas y especuladores que operan en él.

Si conoce a los distintos participantes y sus expectativas de pérdidas y beneficios, podrá gestionar las operaciones del día y alejarse de las turbulencias que conllevan. Esto es muy importante, ya que en los mercados de suma cero sólo se puede ganar dinero con las pérdidas de los demás.

Los mercados de suma cero

Los mercados de suma cero tienen tantos ganadores como perdedores. Las acciones, el mercado de divisas, los futuros y las opciones ocupan un lugar destacado entre los operadores del día. En el capítulo 8, se analizará con más detalle el day trading con dichos valores. En estos mercados, cuando uno obtiene beneficios, otro pierde dinero. Ese es un elemento notable en los mercados de suma cero.

La suma cero es una situación en la teoría de los juegos, en la que la ganancia de uno es equivalente a la pérdida de otro. La igualdad neta en beneficio o riqueza es cero. En el comercio, los futuros y las opciones son ejemplos de juegos de suma cero, excluyendo el coste de la transacción. En conjunto, no hay pérdida ni ganancia netas.

¿Qué significa esto para los operadores diarios? El day trading es como un juego de suma cero. La mayoría de los operadores diurnos en estos mercados son también coberturistas. Se conforman con asumir pequeñas pérdidas para reducir los riesgos en la negociación, evitando grandes pérdidas. En determinadas condiciones de mercado, los especuladores, que son en su mayoría day traders, tienen una ventaja de beneficios. Aun así, no deberían contar con esas "ventajas" en todo momento.

¿Quién pierde y quién gana en estos mercados? Hay veces que el ganador depende de la suerte. Pero, a largo plazo, los ganadores son los operadores disciplinados. Los ganadores en los mercados de suma cero son los que tienen un plan de trading. Las pérdidas iniciales pueden ser sólo una parte de su estrategia.

Algunos venden mucho para aumentar el valor del activo y alcanzar el precio máximo del día. Ése es sólo un tipo de estrategia de negociación engañosa. ¿No despierta su interés?

Los operadores disciplinados emplean estrategias, hacen uso de análisis, establecen límites y se ciñen a ellos. Operan basándose en datos y no en emociones, como la codicia, el miedo y la esperanza. En el próximo capítulo, aprenderá más sobre la psicología del trading y los rasgos que deben desarrollar los traders.

Sin embargo, el mercado de valores no es un mercado de suma cero, aunque muchos especuladores operen en él. Mientras la economía mejora, el valor de las acciones aumenta. Al final, el número de ganadores en los mercados de valores es mayor que en los mercados de suma cero. Si sabe cómo se reparten los beneficios en su mercado preferido, será consciente de los riesgos y de lo que afrontan los demás participantes.

El comercio electrónico se basa en las recompensas y los riesgos. No quiere que otros ganen dinero con sus pérdidas. Puede que esté haciendo lo que le gusta, pero no irá a ninguna parte si sigue perdiendo.

Cómo cerrar sus posiciones al final de cada día de negociación

Los operadores diurnos comienzan su día con frescura porque terminan cada uno con un nuevo comienzo: una pizarra limpia. Esta rutina diaria disminuye los riesgos y obliga a la disciplina. Cuando existe la posibilidad de obtener beneficios, no debe quedarse sentado viendo cómo otros aprovechan las oportunidades. Debe abstenerse de mantener las pérdidas durante más de un día y tomar siempre sus beneficios al final de cada jornada de negociación, ya que las posiciones ganadoras pueden convertirse en posiciones perdedoras de la noche a la mañana.

Hacer eso disminuye los riesgos, y esa disciplina es importante para los especuladores y los operadores del día. Cuando uno se dedica al day trading, al mercado no le importa su identidad ni sus preferencias. Usted es dueño de su tiempo, pero no tiene un jefe que pueda darle un poco de margen. No tiene ningún compañero de trabajo que pueda servirle de sustituto, a menos que opte por el trading automático o haya contratado a alguien para que vigile el mercado por usted. Y, por último, no tiene un cliente que pueda lanzarle indirectas. A menos que tenga unas reglas establecidas para sí y una guía para sus decisiones de trading, será presa de los Cuatro Jinetes de la Ruina del Trading: la avaricia, la duda, el miedo y la esperanza.

¿Cómo disciplinarse? En primer lugar, debe desarrollar un plan de trading y un plan de negocio. Estos dos deben ser diferentes entre sí, y deben reflejar su personalidad y sus objetivos. Después del primer paso, tiene que establecer sus horas de trabajo y los días de negociación. Estos pasos se tratan en el capítulo 5.

Mientras piensa en sus opciones, debe probar su sistema de trading. Esto puede ayudarle a crear un sistema de trading eficaz y perfecto para su estilo de vida y sus capacidades. Al hacerlo, podrá poner en marcha sus estrategias y planes. En pocas palabras, tiene que prepararse y crear un plan. Tanto si está construyendo un nuevo gallinero como si se apunta a un triatlón o se dedica al trading diario, esos dos pasos son la estrategia básica de los ganadores.

Explorando los diferentes tipos de mercados comerciales

A medida que la innovación en el comercio continúa y los avances tecnológicos aumentan, el mundo del comercio electrónico sigue expandiéndose y se pueden utilizar más instrumentos financieros. Incluso los marcadores de materias primas se están robando la cuota de mercado. Una empresa, entidad o producto controla la porción de un mercado.

Por ejemplo, un particular que necesite comprar oro físicamente o mediante un contrato de futuros puede ahora comprar un fondo cotizado en bolsa (ETF) para poder participar en el movimiento del precio del oro.

Dado que escenarios similares también se aplican a las acciones, las materias primas, las divisas y otros valores, los operadores en línea pueden afinar sus estrategias para diferentes circunstancias, como durante el trading diario o el swing trading.

- ¿Qué son los mercados financieros?

Los mercados financieros y comerciales hacen referencia a cualquier mercado en el que se negocien valores. Esto incluye los derivados, el mercado de divisas, los bonos y las acciones. Los mercados financieros son esenciales para el funcionamiento eficaz de las naciones capitalistas. Crean liquidez y asignan recursos para los empresarios y las empresas.

Los mercados facilitan el acto de negociar tanto a los vendedores como a los compradores. A través de la negociación electrónica, pueden comprar y vender en línea valores específicos, que se analizan a continuación.

Los mercados financieros permiten el comercio de productos de valores. Estos ofrecen una rentabilidad a las personas (los operadores e inversores) que disponen de fondos para comprar en una plataforma de intermediación. Los compradores, especialmente los operadores del día, revenden los valores para obtener beneficios.

Por ejemplo, la bolsa es un tipo de mercado financiero. A través de corredores de bolsa online y plataformas similares, se pueden negociar acciones nacionales e internacionales. Sin embargo, algunas acciones locales sólo se pueden negociar en organizaciones financieras nacionales. En Japón, IC Markets y XTB Online Trading permiten negociar acciones públicas de ámbito nacional.

Los mercados financieros están formados por la negociación de muchos tipos de instrumentos financieros, que incluyen derivados, divisas, bonos y acciones. Estos mercados dependen en gran medida de la transparencia de los datos para garantizar que los precios dentro del mercado sean adecuados.

El valor intrínseco de los valores, como el oro, no indica sus precios de mercado. Esto se debe a que también se ven afectados por los impuestos y otros factores macroeconómicos.

Algunos mercados tienen poca actividad. Son pequeños en comparación con otros, como las bolsas locales. FirstMetroSec, en Filipinas, es un ejemplo de bolsa local.

En cambio, en el NASDAQ y el NYSE se realizan millones de operaciones diarias y en estos mercados circulan billones de dólares cada 24 horas. El mercado de acciones o el mercado bursátil permite a los cotizantes, inversores y especuladores vender públicamente acciones de empresas en las que han invertido.

En los mercados bursátiles primarios se pueden emitir nuevas acciones. Las acciones recién emitidas se denominan ofertas públicas iniciales (OPI). En los mercados secundarios también se pueden negociar acciones posteriores. Aquí es donde los inversores negocian valores ya conocidos.

Los diferentes mercados de negociación

Dependiendo de su experiencia, puede incluso conocer los medios de negociación o inversión que están a su disposición con un solo clic. Incluso cuando se evitan los mercados ilíquidos y abstractos, los especuladores pueden encontrar operaciones en diversos mercados que se ajustan a su presupuesto. A continuación, le presentamos los mercados y bolsas más notables en los que puede operar durante el día.

-Mercados OTC

Los mercados extrabursátiles están descentralizados. Esto significa que no tienen ubicaciones físicas. Y, la negociación de valores se realiza en línea, o electrónicamente. En línea, los participantes en el mercado son operadores e inversores.

En las próximas secciones, aprenderá a elegir la plataforma y el método de negociación adecuados para usted. ¿Participará en los mercados OTC? ¿Prefiere los corredores y las plataformas de corretaje?

Un mercado OTC puede encargarse de los intercambios de valores que no cotizan en la Bolsa de Nueva York ni en la American Stock Exchange. Por lo general, las organizaciones y entidades financieras que negocian en los mercados OTC y otros mercados primarios requieren menos comisiones y menos regulación que los mercados secundarios, que también se denominan mercado secundario en el que los operadores e inversores negocian valores financieros que ya poseen.

He aquí más ventajas e inconvenientes de la negociación en los mercados OTC:

Pros

> Alta volatilidad

> La capacidad de adelantarse a la inflación

> Liquidez inigualable

> Flexibilidad para principiantes

> Oportunidades de crecimiento

Contras

> Caídas repentinas del mercado

> Sujeción a mayores riesgos

-Bolsa de Valores

El mercado de valores es el conjunto de bolsas y plataformas donde se realizan las actividades diarias de emisión y negociación de acciones de empresas públicas. Estas actividades financieras se ejecutan a través de mercados OTC, plataformas de intermediación y bolsas formales institucionalizadas.

Los mercados de valores, tanto si tienen una ubicación física como si no la tienen, funcionan siguiendo unas normas establecidas. En cualquier país, región o estado que permita el comercio de acciones y valores, puede haber múltiples lugares para el comercio de acciones y divisas. El NASDAQ y la NYSE son dos de las mayores bolsas de valores del mundo con sedes físicas. Las principales plataformas de corretaje ofrecen todas ellas la posibilidad de negociar con acciones.

Aunque los términos bolsa y mercado de valores pueden utilizarse indistintamente, el primero es sólo un subconjunto del segundo. Si se dice que se negocia en el mercado de valores, esto significa que se negocia con valores/acciones en una bolsa que forma parte del mercado de valores.

Las bolsas de valores más notables del mundo son el NASDAQ, el NYSE y el CBOE, o Chicago Board Options Exchange. Estas principales bolsas nacionales, junto con otras más pequeñas que existen en el país, constituyen el mercado de valores estadounidense.

Una bolsa de valores es una instalación o plataforma en la que los operadores y corredores de bolsa pueden negociar valores, incluidos los bonos y las acciones. Algunas también emiten y permiten el reembolso de valores, eventos de capital e instrumentos financieros, así como el pago de ingresos y dividendos. Los dividendos son los beneficios que se obtienen de las inversiones en acciones ordinarias.

Aunque la mayoría de las operaciones en los mercados tienen que ver con acciones públicas, en los mercados de valores también se realizan operaciones con ETF, bonos y divisas. Lo mismo puede decirse de los mercados de divisas. Lo mismo ocurre con los mercados de valores de Estados Unidos.

-Mercados de bonos

¿Qué es un bono? Un bono es un título en el que un inversor presta una cantidad específica de dinero durante un periodo definido a un tipo de interés preestablecido. Los bonos son acuerdos entre el prestatario y el prestamista que contienen los detalles del contrato, incluidos los detalles del préstamo y sus pagos posteriores.

Los gobiernos soberanos, así como los estados y los municipios, pueden emitir bonos. La emisión puede ser para financiar operaciones y proyectos. El mercado de bonos también se denomina mercado de crédito, de débito y de renta fija. Implica la negociación de valores como las letras y los pagarés emitidos por el Tesoro de los Estados Unidos.

¿Cómo operar con bonos? Entender el comercio de bonos y los mercados de bonos es importante para un comercio diario adecuado. El mercado de bonos es más grande que el mercado de valores y el comercio de bonos se produce miles, sino millones, de veces al día.

Cuando los especuladores comercian con bonos, especifican los diferentes tipos de bonos que están negociando. A su vez, esto establece el precio del crédito en la economía. Por ello, el mercado de bonos afecta a muchas economías del mundo, tanto negativa como positivamente.

A diferencia de las acciones, los bonos pueden negociarse en cualquier lugar donde un vendedor y un comprador puedan realizar una transacción. No existe una bolsa o un lugar central para la negociación de bonos. De hecho, este mercado es un tipo de mercado extrabursátil. Sin embargo, los bonos convertibles, al igual que las opciones de bonos y los futuros de bonos, se negocian en bolsas formales, incluidas las plataformas de corretaje online. En el último capítulo de este libro se incluye un debate en profundidad sobre este tema.

-El mercado del ETF

En los mercados de ETFs intervienen fondos que representan múltiples sectores, industrias y materias primas. Al igual que las acciones, puede negociar estos valores a diario o acumularlos en su cuenta para el swing trading.

-El mercado de divisas

También conocido como mercado de divisas, el mercado Forex es el mayor del mundo. También es el más líquido y ha representado miles de millones de operaciones al día. En 2010, ha representado 3 billones de dólares de operaciones diarias. Aunque no existe desde hace un siglo, es el lugar donde la mayoría de los day-traders compran y venden valores.

Los mercados de divisas facilitan las operaciones de una moneda por otra. Aunque las operaciones diarias con divisas también pueden realizarse electrónicamente, el comercio de acciones es diferente del comercio de divisas.

Las divisas se negocian por pares, mientras que las acciones se negocian por unidades.

-El mercado de opciones

El mercado de opciones es un mercado que permite a los participantes tomar posiciones en el derivado de un activo. Por tanto, la opción -un contrato que permite a un inversor negociar un instrumento financiero como un índice o un ETF a un precio determinado durante un periodo determinado- se basa en valores concretos. El valor de las opciones y otros insumos cambia con el valor, o la falta de él, que proporciona el activo en cuestión.

-CFDs

CFD significa Contrato por Diferencia. Se trata de un acuerdo realizado en las operaciones con derivados, en el que las diferencias en la liquidación dada entre los precios de la primera y la última operación se liquidan en efectivo. Se trata de un tipo de opción en la que no se requiere la entrega física del valor o activo. La liquidación da lugar a un pago en efectivo, en lugar de liquidar en bonos, acciones o materias primas.

Una liquidación, en el ámbito de las finanzas y la negociación, es un proceso comercial por el que los valores o los intereses en valores se entregan físicamente para cumplir con las obligaciones contractuales. Hoy en día, las liquidaciones suelen tener lugar en los depositarios centrales de valores (DCV).

Un DCV es una organización financiera que mantiene valores como acciones o títulos en forma desmaterializada o certificada. A través de un DCV se puede transferir la propiedad de un valor financiero. Esto se ejecuta con una anotación en cuenta, en lugar de la transferencia de certificados físicos. Esto permite a los intermediarios, las plataformas electrónicas y las organizaciones financieras mantener los valores en un único lugar. Esto hace que estén disponibles para la compensación y liquidación electrónicas.

Este tipo de opción evita los gastos de transacción y de transporte. Los CFDs no expiran. El mercado de CFD es, de hecho, un híbrido del mercado de divisas, de acciones y de opciones.

Al igual que otros mercados, el mercado de CFDs es accesible en cualquier lugar que tenga una conexión a Internet. Todos ellos tienen desventajas y ventajas. Por esta razón, la mayoría de los operadores se centran en un solo tipo de valor para operar. Tienen miedo de operar en otros mercados aparte del que mejor se adapta a su personalidad. Esto se debe principalmente a la falta de conocimientos.

Sin embargo, los que tienen éxito hacen lo contrario. Teniendo en cuenta su estilo de negociación, aprovechan principalmente un mercado y se cubren u operan en otro como actividad secundaria.

¿Cuál es el mejor mercado para usted?

Debe tener en cuenta su ubicación, sus recursos financieros y su estilo de trading diario a la hora de elegir en qué mercado participar. Ayudarle a decidir este tipo de cosas es uno de los propósitos de este libro. Es fundamental que conozca otras alternativas para que pueda afinar fácilmente sus operaciones y obtener resultados rentables. Para un análisis más detallado de este tema, consulte la siguiente sección, el capítulo 7 y el capítulo 8.

Mercados alternativos para los aspirantes a Day Traders

Desde el desplome de la bolsa en el año 2000, el número de rotaciones en el mercado de divisas ha aumentado. En el ámbito de la inversión, la rotación es el porcentaje de una cartera financiera que se vende en un año o mes determinado. Una tasa de rotación rápida genera altas comisiones para las transacciones realizadas por un corredor.

Esto implica un aumento del número de nuevos operadores diarios en los mercados de CFD y Forex. El mayor atractivo de los corredores es su bajo depósito inicial. La mayoría de los corredores en línea de buena reputación sólo requieren al menos 100 dólares para abrir una cuenta y comenzar a operar en Forex y acciones.

En el mercado Forex, el operador cambia una moneda por otra. La baja comisión puede sonar bien, pero en este tipo de plataformas hay que pagar un diferencial en cada transacción.

La conclusión es que debe ser consciente de que existen múltiples mercados. Aunque no es aconsejable participar en todos ellos debido a las restricciones y a las limitaciones de tiempo, el uso de una combinación de mercados o el ajuste de las estrategias de negociación pueden repercutir positivamente en los resultados.

Algunos operadores necesitan cambiar de mercado de vez en cuando, ya que de ello depende su éxito comercial. Por el contrario, entrar en dos o más mercados puede proporcionar ventajas como la reducción del riesgo, los desembolsos de capital y los cambios en los costes. Sólo hay que recordar que familiarizarse con los mercados proporciona más oportunidades y un aumento de los beneficios y una reducción de los costes.

-Las bolsas de valores

¿Qué es una bolsa de valores? Las bolsas de valores son lugares físicos y virtuales donde se pueden negociar acciones. Una bolsa de este tipo está muy regulada, a pesar de estar dominada por la negociación electrónica.

Cómo operar en el día

"Apostar contra la tendencia es un ejemplo de estrategia de negociación. También se denomina inversión contraria y es utilizada por muchos operadores de valores, incluidos los que manipulan los movimientos de precios y la volatilidad del mercado. Si el mercado o una acción experimenta una tendencia a la baja, usted compra y opera en contra del mercado. Especula que la tendencia alcista le favorecerá a usted y a su capital.

Los operadores más experimentados utilizan esta estrategia. Entienden perfectamente el mercado y se han beneficiado muchas veces de hacer lo contrario de lo que hace la mayoría. Apostar contra la tendencia es arriesgado, pero ofrece grandes beneficios.

Por ejemplo, si el mercado de valores en el que participa es actualmente alcista, se cubre y toma posiciones largas. Si está en un mercado bajista y toma posiciones largas, también está yendo en contra de la tendencia. El éxito de sus operaciones depende de los factores que afectan a la tendencia. Es necesario investigar con cuidado y diligencia antes de emplear esta táctica para ganar dinero.

Al comprar simplemente a la baja, no se está operando exactamente de la manera mencionada. Sin embargo, podría resultar en eso si se hace efectivamente. Por ejemplo, cuando los operadores diurnos predicen que una acción caerá a la baja, pueden tomar prestadas acciones y venderlas con el fin de operar a precios bajos. Cuando prefieren el day trading, tomarán posiciones cortas.

-Operaciones cortas

Tomar posiciones cortas puede resultar confuso para la mayoría de los operadores. En realidad, es necesario comprar algo para poder venderlo. En las operaciones en corto, los operadores del día venden valores antes de comprarlos. Lo hacen para obtener beneficios de una bajada de precios. Su operación sólo generará beneficios si la cantidad que han tomado prestada es inferior al precio de venta del activo. En los mercados financieros, se puede comprar y luego vender, o vender y luego comprar.

Los operadores del día utilizan las palabras corto y vender indistintamente. Asimismo, algunos programas y plataformas de negociación tienen un botón de negociación marcado como "short" o "sell". El uso de la palabra "short" en la frase "I am short apple" indica que está en una posición corta en acciones de Apple.

Para reiterar, los operadores del día a los que les gusta tomar posiciones cortas suelen decir "ir en corto" o "yendo en corto". Esto indica su interés en tomar una posición corta en un activo específico. Al igual que en el ejemplo del capítulo 2, si usted se pone en corto con 1.000 acciones de la acción YYY a 9 dólares, recibirá 9.000 dólares en su cuenta al finalizar la operación. Si compra 1.000 acciones de YYY a 10,60 dólares por acción, tendrá que pagar 10.600 dólares. Si revende todas las acciones compradas a 11.000 $, recibirá 11.000 $ al ponerse en corto. Por lo tanto, su beneficio será de 400 $, menos las comisiones.

Si el valor de las acciones aumenta y si usted recompra 1.000 acciones a 9,20 dólares, entonces tendrá que pagar

9.200 dólares por las acciones. En esta situación, pierdes 200 dólares aparte de la comisión.

- ¿Se puede tomar una posición corta en cualquier mercado?

Los operadores pueden ir en corto en la mayoría de los mercados financieros, En el mercado de divisas y de futuros, siempre se puede ir en corto. La mayoría de las acciones públicas se pueden poner en corto. La mayoría de las acciones son así, pero no todas.

En 2010, la SEC impuso una regla alternativa de subida. Esta norma impide que las ventas en corto disminuyan el valor de una acción concreta si su precio ha caído un 10% en un solo día.

En las operaciones con margen, su agente necesita pedir prestadas las acciones a una persona o entidad que las posea. Si no puede pedirle un préstamo, no podrá ponerse en corto con las acciones. Las acciones nuevas en la bolsa, que se denominan IPO, u ofertas públicas iniciales, no se pueden vender en corto.

Entender mejor las acciones y los valores

En los mercados financieros, la distinción entre acciones y valores es borrosa. Por regla general, se pueden utilizar ambas palabras indistintamente cuando se hace referencia a las acciones financieras. Esto incluye los valores que denotan la propiedad de una empresa.

En los viejos tiempos de las transacciones en papel, estos valores se denominan "certificados de acciones". Hoy en día, la diferencia entre ambos depende de la sintaxis y el contexto de su uso.

He aquí algunos puntos clave para una mejor comprensión:

> A todos los efectos, las acciones y los títulos pueden referirse a lo mismo.

> La distinción sólo se tiene en cuenta para la precisión jurídica o financiera. Por eso los operadores y los inversores utilizan las palabras indistintamente.

> En concreto, para invertir en las acciones de una empresa pública, se necesita una cuenta de operaciones.

> De los dos, "acciones" es de uso común, y "acciones" tiene un significado muy específico. El primero se refiere a una parte

de la propiedad de una empresa pública. En cambio, "acciones" describe la propiedad de una empresa concreta.

➢ Tenga en cuenta que puede poseer acciones de diversos instrumentos financieros (por ejemplo, ETF, fondos de inversión, sociedades limitadas, etc.). Son acciones públicas que pueden negociarse en las bolsas de valores.

➢ ¿Qué es una acción preferente? Existen dos tipos de acciones. Son las acciones preferentes y las acciones ordinarias. Las acciones preferentes o preferidas dan derecho a los titulares a un dividendo fijo. Los dividendos se pagan a los accionistas antes de la emisión de los dividendos de las acciones ordinarias.

Cómo empezar

En los mercados financieros, los valores negociados en el día se compran y venden en un solo día. Esa es la máxima del day-trading. En lugar de acumular activos durante semanas o meses, los especuladores como los day traders compran valores, como acciones o Forex, con la esperanza de que el valor suba en ese mismo día. Toman posiciones cortas antes de que termine el día y se aseguran de que otro participante en el mercado compre su activo. Para iniciarse en el day trading, siga la siguiente guía paso a paso:

1) Elaboración del presupuesto. Esta es la primera fase y se subdivide en tres fases:

a) Decida su capital.

b) Cree una cuenta de operaciones.

c) Lea las normas y reglamentos y asegúrese de seguirlos al pie de la letra y de cumplir todos los requisitos antes de operar.

d) Deposite la cantidad que prefiera o al menos el capital mínimo exigido por el corredor.

2) Operar a través de su bróker.

Como se ha mencionado anteriormente, lo mejor es evaluar varios corredores y plataformas de corretaje. Si prefiere solicitar a los corredores que realicen las operaciones por usted, debe indicarle sus preferencias, incluidas las reglas que ha establecido para sus estrategias y el orden por el que optará. También es necesario que aclare siempre cuánto va a negociar.

Por último, para este paso, póngase en contacto con la empresa para preguntar sobre sus prácticas comerciales. Antes de depositar cualquier cantidad, no dude en hacer preguntas directamente. Pregunte por las comisiones, la liquidez y las retiradas. Recuerde que una vez que obtenga beneficios, querrá retirar su dinero. Sus formas de pago deben ser flexibles y fiables. PayPal, TransferWise y Western Union son sistemas de pago en línea bien reputados y de confianza.

3) Estrategias para las operaciones en línea

Como operador principiante, evite operar con una parte importante de su capital. Limite cada operación al 1 o 2% del mismo. Si empieza invirtiendo el 10% o más de sus fondos, puede agotar el dinero que ha reservado para operar. Por ejemplo, si ha depositado 1.000 dólares en su cuenta, se aconseja que sus primeras operaciones sólo cuesten entre 10 y 20 dólares. Del mismo modo, si comienza con 15.000 dólares, entonces cada una de sus operaciones debe ascender sólo a 150 o 300 dólares o menos.

Recuerde las palabras de Warren Buffet: "Empiece de a poco y expándase a medida que crece".

El método "scalping" es el favorito de muchos principiantes y operadores profesionales. Permite obtener beneficios rápidos, aunque pequeños.

Para que esta estrategia funcione, tiene que vender los valores adquiridos, tan pronto como pueda obtener un beneficio de ellos. Por ejemplo, si compró 20 acciones de XXX a 2 dólares por acción, y 15 minutos más tarde, el valor aumentó a 2,05 dólares por acción, entonces puede obtener un pequeño y rápido beneficio. En el escenario anterior, ha ganado un dólar en 15 minutos. Cuanto mayor sea el número de unidades del valor elegido que compre, mayor será su beneficio.

La llamada "estrategia de impulso" implica el análisis fundamental y el seguimiento de las noticias de última hora sobre determinados valores. Promueve el comercio diurno de uno o dos valores que lo harán bien durante el día. Por ejemplo, si las acciones de juegos pueden prosperar en la próxima semana. Compra de 10 a 20 acciones de empresas tecnológicas bien arraigadas en el sector. Pero, antes de hacer eso, asegúrese de que esa acción es volátil y ha estado haciéndolo bien a largo plazo. Considere la posibilidad de utilizar el AT o el AF para realizar operaciones de valor y efectivas. Cuando uno o más de los activos en los que ha invertido haya subido entre un 20 y un 30%, venda sus acciones/unidades del valor en el punto más alto o cerca del nivel de resistencia.

Sin embargo, si el valor sigue subiendo, esté siempre atento a los retrocesos significativos y repentinos. Si el mercado está entrando gradualmente en un mercado bajista, pero el activo sigue siendo volátil, aproveche las mini tendencias. Venda alto y compre bajo. Si es probable que el precio toque pronto un fondo histórico, salga del mercado.

4) Diversifique su cartera financiera y mejore sus operaciones

El day trading es una excelente manera de diversificar los mercados y mejorar su cartera financiera. Puede invertir en un mercado mediante el swing trading mientras especula en otro. Si dispone de un pequeño capital, puede subdividirlo aún más con dos fines:

➢ Estudiar los mercados

➢ Calcule cuál es el ajuste perfecto para usted

Cada valor negociable ofrece diferentes oportunidades de obtener beneficios. Con los datos que ha reunido mediante la observación y el análisis, puede decidir, con buen criterio, dónde puede obtener muchos beneficios.

Paso 6: Especular en el mercado de divisas

¿Mantener sus impulsos bajo control es la mejor manera de operar en Forex? Al igual que en otros mercados, ¿se necesita una estrategia de negociación para ganar a lo grande en las divisas? ¿Cuál es la mejor manera de leer los gráficos de Forex? Si todavía es un principiante en este campo, las primeras operaciones pueden ser abrumadoras

Operar durante el día en el mercado de divisas es más difícil que especular en el mercado de valores. Hay muchos términos que aprender antes de poder operar de forma efectiva. Sin embargo, invertir su tiempo y dinero en el mayor mercado del mundo puede reportarle grandes beneficios.

El comercio de divisas también se conoce como comercio de divisas. Se trata de ganancias, tasas, tendencias y pérdidas. Sus pérdidas dependerán de los factores, las predicciones fallidas y la estrategia de negociación. No obstante, si emplea un sistema de trading eficaz en cada intento de ganar dinero en el mercado, podrá obtener fácilmente beneficios y evitar pérdidas.

En el capítulo 4, ha aprendido a desarrollar un sistema de trading ganador. Este capítulo trata sobre el mundo del trading en Forex. Contiene todo lo que necesita saber para operar con divisas durante el día.

¿Qué le espera en este mercado?

Con la llegada del IoT (Internet de las cosas) y la World Wide Web, millones de personas de todo el mundo, incluidos inversores, jubilados, padres solteros y adultos jóvenes, están descubriendo las ventajas del comercio de divisas. Para la mayoría de ellos, el comercio en los mercados de divisas es su medio de vida. Sus beneficios son más que suficientes para cubrir sus gastos.

Algunos incluso han hecho una fortuna con el comercio de divisas. En el mercado de divisas, puede operar por sólo 20 o 100 dólares, pero esto depende de su corredor. También puede apalancarse para obtener altos rendimientos o pedir un préstamo a un financiero.

El comercio de Forex, o FX, también se conoce como comercio de divisas. El mercado de divisas, en su conjunto, es un mercado global descentralizado, en el que se negocian diariamente muchas de las divisas del mundo. Es el mercado más grande y líquido del mundo.

Por término medio, el volumen diario de operaciones del mercado de divisas supera los 5 billones de dólares. Incluso si se combinan todos los mercados de acciones y bonos, no se acercarán al volumen de negociación del mercado de divisas.

¿Se ha ido al extranjero? Si alguien le ha enviado dinero desde el extranjero, es posible que ya haya realizado una operación de Forex. Por ejemplo, ha ido a Seúl, Corea, y ha convertido sus dólares en KRW (won coreano). El tipo de cambio entre las dos monedas mencionadas determina la cantidad de KRW que habría obtenido con sus dólares.

El intercambio de un par, que implica a dos monedas, se basa en la oferta y la demanda del mercado. Los tipos de cambio fluctúan continuamente. Esto se debe a que se ven afectados por muchos factores, como la relación de intercambio, las tasas de fluctuación y la estabilidad y los resultados políticos.

Para reiterar, las divisas son bastante similares al mercado de valores. Al igual que las acciones, se puede operar con divisas basándose en estimaciones.

La principal diferencia entre ambas es el hecho de que en el comercio de divisas se compra una divisa y se vende otra simultáneamente. Esto es diferente del comercio de acciones. O vende sus acciones o compra más.

Además, puede promediar fácilmente hacia arriba o hacia abajo con Forex. Promediar hacia arriba en el mercado de divisas es exactamente lo contrario de promediar hacia abajo en el comercio de acciones. Esto sigue siendo cierto por el hecho de que cuando sus operaciones van a su favor, el mejor movimiento es añadir más posiciones. En las secciones posteriores de este capítulo, aprenderás más sobre esta estrategia.

En mayo de 2020, Japón devaluó su moneda para atraer a más inversores y empresarios extranjeros. Si cree que esta tendencia durará mucho tiempo, como unas pocas semanas o varios meses, entonces definitivamente surgirán oportunidades fáciles para el comercio de Forex. En esta situación, puede realizar operaciones rentables vendiendo el JPY (yen japonés) frente al euro, el dólar estadounidense o el dólar australiano.

Cuanto más se devalúe el JPY frente a su moneda preferida, mayores serán sus beneficios. Si el JPY se devalúa mientras su posición está "abierta", entonces perderá dinero. En este caso, lo mejor es "cerrar" su posición en el día.

El ejemplo anterior contiene varios términos técnicos. ¿Qué es la devaluación? ¿Cómo puede afectar a los tipos de cambio? ¿Qué es un par de divisas?

¿Cómo pueden los indicadores y los factores económicos afectar a la volatilidad del mercado de divisas? Si no conoce los términos esenciales de este comercio, se encontrará con obstáculos a la hora de operar en Forex. Este capítulo puede enseñarle los principios que subyacen al comercio de Forex, así como todo lo que hay que saber para triunfar en este mercado.

La verdadera naturaleza del mercado de divisas

El mercado de divisas opera 24 horas al día y 5 días a la semana. La mayor volatilidad se produce durante el solapamiento del mercado. Esto ocurre cuando se ofrece la compra de un valor a un precio alto y se vende a un precio inferior al de la oferta más alta.

Los mercados de divisas, los operadores, así como los inversores, pueden salir y entrar en las operaciones durante los días laborables mundiales.

Tres sesiones de negociación -Asia, Londres y Nueva York- dividen el mercado de divisas. Esto le permite elegir una hora de negociación según sus horarios. El comercio de divisas se realiza en el mostrador. Cuando el horario comercial de una región se cierra, otra región abre el suyo.

En determinados momentos del día, el volumen del activo negociado puede ser elevado. Esto depende del par de divisas. Los operadores pueden obtener grandes beneficios en momentos de gran liquidez, como la sesión asiática, la sesión de Nueva York y la sesión de Londres. La volatilidad suele ser alta en esos momentos y los diferenciales son más bajos.

En general, los operadores operan durante la sesión de Londres y Nueva York, y cada vez que se solapan. Los operadores de divisas no necesitan observar el mercado las 24 horas del día. Pueden aprovechar el mercado de divisas operando cuando el mercado tiene una gran liquidez. También se debe utilizar una estrategia de negociación sólida y probada.

Estos son algunos consejos clave a la hora de operar en el mercado de divisas durante el día:

-Cuidado con las vacaciones

Hay que tener en cuenta todos los días festivos de cada región. Si los EE. UU. tienen un día festivo, entonces el mercado del USD no será tan líquido durante ese tiempo.

Aunque el mercado de divisas no cesa, algunos corredores y plataformas no están disponibles durante los días festivos.

-Utilizar diferentes estrategias para diferentes sesiones de negociación

Cada sesión de FX tiene varias características, que se detallan en el capítulo 5. Por lo tanto, debe adoptar una estrategia de negociación adecuada. Cuando la liquidez es baja, puede emplear estrategias de rango. ¿Qué es esto?

Una estrategia de rango limitado es un método en el que los operadores compran un valor determinado en un nivel de soporte y toman una posición corta en el nivel de resistencia. Los operadores suelen utilizar esta estrategia de negociación junto con indicadores técnicos como el volumen para aumentar sus probabilidades de éxito.

Por ejemplo, un operador puede haber observado que el valor en cuestión está empezando a generar un canal de precios. Esto ocurre cuando el precio oscila entre dos líneas paralelas, ya sean descendentes, ascendentes u horizontales. Puede vender cuando el valor se acerque a la tendencia superior del canal y tomar una posición larga cuando se ponga a prueba la línea de tendencia inferior.

En el escenario dado, el canal a finales de agosto y principios de septiembre formó picos iniciales. El operador podría haber realizado operaciones cortas y largas en referencia a las líneas de tendencia. Sus actividades en el mercado sumaron dos operaciones largas y cuatro cortas.

La ruptura del activo desde el nivel de resistencia superior indica el fin de la negociación siguiendo una estrategia de rango.

-Los pares de divisas

Hay muchos pares de divisas. En total, hay 180 monedas que circulan por todo el mundo. Algunas se consideran "menores", "mayores" y "exóticas". Los pares mayores incluyen:

> USD/CHF

> GBP/JPY

> EUR/JPY

> GBP/USD

> USD/JPY

> EUR/USD

Todos los días se negocian en grandes volúmenes. Esto implica que las operaciones con los pares de divisas mencionados ofrecen costes bajos y spreads reducidos para los operadores.

Los fundamentos del comercio de divisas

Forex es un portmanteau de moneda extranjera e intercambio. Forex es el acto o proceso de convertir una moneda en otra.

Por lo tanto, usted comercia con divisas cada vez que convierte sus dólares en la moneda de otro país. Según el BPI (Banco de Pagos Internacionales), el volumen diario de operaciones en el mercado de divisas es de aproximadamente 5 billones de dólares.

El mercado establece los tipos de cambio de las divisas en todo el mundo. En el comercio, el "tipo de cambio" es la cifra a la que puede cambiarse una moneda concreta por otra.

El tipo de cambio de una moneda es su valor. El cambio de divisas es la conversión de una moneda en otra a un tipo conocido como "el tipo de cambio". Éste fluctúa constantemente, ya que las fuerzas del mercado de la oferta y la demanda determinan los tipos de todas las divisas del mundo.

Por ejemplo, el tipo de cambio de 100 JPY por 1 USD implica que ¥100 equivale a 1$. Del mismo modo, 1$ puede cambiarse por ¥100. En este caso, se puede decir que el valor de 1 USD frente al JPY es de ¥100. Equivalentemente, el valor de 1 JPY respecto a 1 USD es de 1$/100.

El mercado de divisas determina los tipos de cambio, que incluyen los tipos de cambio extranjeros e interbancarios. El término "tipo interbancario" también puede referirse a los tipos de cambio extranjeros. Para reiterar, el mercado está abierto las 24 horas del día de lunes a viernes.

Las divisas se negocian por pares. ¿Qué es esto? Un par es una cotización de dos divisas diferentes en una bolsa de divisas. Cuando se pide un par de divisas, se compra la primera divisa cotizada (la base). La cotización (la segunda divisa) se vende. En el par JPY/USD, el yen japonés es la base y el dólar es la cotización.

Hasta la fecha, el par de divisas EUR\USD es el más líquido de todo el mundo. En el comercio, la liquidez se refiere a la forma en que uno puede convertir rápidamente una moneda específica, mantenida en una plataforma electrónica, en dinero en efectivo. Los activos líquidos incluyen el dinero en efectivo, la cuenta de cheques y la cuenta de ahorros.

Con respecto al par de divisas mencionado, puede convertir sus fondos en dinero debido a la liquidez del par. Dado que es el par más líquido, son muchos los que negocian y convierten el EUR en USD, en todo el mundo. Además de los modos de pago convencionales, puede retirar su dinero en bancos o centros de envío de dinero.

En el ámbito de las divisas, el tipo de cambio al contado es el tipo de cambio actual de un par de divisas. El tipo de cambio a plazo, en cambio, es el tipo de cambio contratado para el pago de una divisa en una fecha predeterminada. Suele fijarse a 30, 90 o 180 días en el futuro.

El mercado determina el tipo de cada moneda que se negocia en la bolsa. Además, todos los aspectos de la negociación y la conversión de divisas se determinan a precios actuales (al contado).

Los principales participantes en este intercambio son los bancos internacionales y los grandes centros financieros. Día y noche, excepto los sábados y domingos, estas organizaciones financieras sirven de medio entre millones de comerciantes.

¿Qué es un mercado de divisas?

El mercado de divisas tiene diferentes niveles, y en él participan instituciones bancarias. Se trata de corporaciones, intermediarios de sistemas económicos. Los tipos de cambio se basan en las operaciones y el volumen de transacciones en el mercado. En las siguientes secciones, podrá aprender más sobre la ley de la oferta y la demanda.

Dondequiera que las entidades o las partes participen en el intercambio de divisas, ese espacio, ya sea físico o virtual, es un mercado. Por lo tanto, un mercado de divisas no es más que uno de los muchos sistemas e instituciones por los que las personas pueden intercambiar divisas. Los brokers, eToro y Ameritrade, gestionan mercados de divisas online. Todos los mercados de divisas se basan en compradores, vendedores e instituciones financieras, que se consideran "intermediarios".

En los mercados de divisas, los corredores y los inversores pueden facilitar las operaciones. Aunque los especuladores necesitan adherirse a las reglas y políticas de cada plataforma, los corredores han agilizado el proceso de las operaciones de Forex, a lo largo de los años. En concreto, los operadores deben seguir unas cotizaciones adecuadas, unos precios competitivos y el registro en la plataforma.

Cosas que debe saber antes de operar con divisas: Pips y Lotes

Entre bastidores, los bancos se apoyan en organizaciones financieras cuando realizan transacciones en el mercado de divisas. Estas empresas se llaman "dealers". Participan en grandes operaciones de divisas. La mayoría de los operadores son bancos locales, rurales o nacionales.

Estas organizaciones operan entre bastidores y se denominan mercados interbancarios. A veces, también intervienen compañías de seguros y empresas financieras.

Las operaciones entre dos distribuidores suelen ser de gran envergadura. Cada transacción puede suponer millones de dólares estadounidenses.

Los mercados de divisas sirven como medio para las operaciones e inversiones. La conversión de divisas es una de sus características principales. Las plataformas de corretaje en línea, por ejemplo, permiten a las empresas estadounidenses importar productos de los Estados miembros de la Unión Europea. Con los mercados de divisas, los empresarios que residen en países extranjeros pueden comprar productos de los miembros de la UE en euros.

-Posición abierta

Como el término indica, se trata de una operación establecida que aún no se ha cerrado con la de otra parte. Una posición abierta puede existir tras una posición corta o una posición larga. Sea como sea, la posición permanecerá abierta hasta que haya una operación contraria.

Una posición abierta es cualquier operación que un participante del mercado ha establecido; puede existir una operación contraria después de una posición de compra o de venta. Sea como fuere, la posición permanece abierta hasta que se produce una operación contraria.

¿Qué son los pares de divisas?

Las bolsas extranjeras realizan principalmente operaciones de pares de divisas. Sus nombres combinan las dos divisas que se negocian. Para reiterar, la moneda base es la primera moneda. Es la que aparece en la cotización del par y luego le sigue la divisa cotizada. Esto determina el valor de la moneda base o "la primera".

En el mercado de divisas, los precios unitarios de las monedas están representados por pares de divisas. La moneda base (moneda de transacción) es la primera moneda de la cotización. La segunda es la moneda de contrapartida o de cotización.

Por razones contables, una organización financiera puede utilizar la moneda base y la moneda nacional para representar todas las pérdidas y ganancias. Fundamentalmente, representa la cantidad total de la moneda de cotización que se negocia. Representa la cantidad de la cotización de para adquirir una unidad de la base.

Por ejemplo, si se trata del par JPY/USD, el yen japonés es la base y el dólar estadounidense la cotización. La Organización Internacional de Normalización (ISO) establece las abreviaturas utilizadas en el comercio de divisas. La norma ISO 4217 proporciona los códigos. Tres letras representan cada moneda, como en el ejemplo del JPY, el CAD y el USD.

Las monedas que componen un par suelen separarse con una barra (/). Puede sustituir la barra por un guion o un punto. Los principales códigos para las divisas son el EUR para el euro, el HUSD para el dólar estadounidense, el

GBP para la libra esterlina y el JPY para el yen japonés. El AUD representa el dólar australiano, mientras que el CAD representa el dólar canadiense.

Las diferentes partes de un par de divisas

Los pares de divisas se escriben como XXX/YYY o simplemente XXXYYY. En este ejemplo, XXX es la base e YYY es la cotización. Ejemplos de este formato son EURCHF, EURNZD, GBPJPY, etc.

Cuando se añade un tipo de cambio, los pares indican qué cantidad de la moneda de la transacción se necesita para comprar una unidad de la primera moneda. Por ejemplo, el par de divisas EUR/USD = 1,26 implica que 1 euro equivale a 1,26 USD. Esto significa que hay que pagar 1,26 USD para adquirir 1 EUR. La cotización se lee de la misma manera cuando se vende la base. A la inversa, si quiere vender 1 EUR, obtendrá 1,26 USD por él.

La razón de este formato es que los inversores y especuladores compran y venden simultáneamente divisas. Por ejemplo, cuando compra USD/EUR, significa que está comprando USD y vendiendo EUR en ese momento.

Los operadores, concretamente los operadores del día, compran un par si prevén que el valor de la primera divisa aumentará con respecto a la cotización. Por el contrario, venden el par de divisas si ven que la base perderá valor y que el tipo de cambio de la cotización aumentará.

¿Qué es una posición en el comercio de divisas?

Una posición en los mercados de divisas es la cantidad de fondos/divisas que un operador/entidad posee en una plataforma de corretaje. Al igual que en las bolsas de valores, los términos posiciones cortas y largas también se utilizan en el comercio de divisas. Cada posición en Forex tiene 3 características:

> ➢ El tamaño del comercio

> ➢ La dirección (corta o larga)

> ➢ El par de divisas subyacente

Los operadores, así como las entidades, pueden tomar posiciones en varios pares de divisas, como el EUR/JPY o el AUD/USD. El tamaño de la posición depende de los requisitos de margen y del capital de la cuenta del operador. Esto se refiere a los fondos totales en la cuenta del operador. El capital es su saldo más o menos las pérdidas o ganancias de las posiciones abiertas.

El requisito de margen es el porcentaje de activos marginales que un operador debe pagar con sus fondos o efectivo. Cuando mantiene el valor comprado con margen, el margen mínimo en Firstrade para la mayoría de los valores se reduce al 30%.

Los bonos, las acciones, los futuros y otros activos similares son valores con margen. Esto significa que dichos valores pueden negociarse con margen. La negociación con margen alude a la negociación con dinero prestado por un corredor para aumentar sustancialmente la exposición al mercado. Cuando se realiza una operación con margen, el corredor presta una cantidad específica de dinero. El importe del préstamo depende del ratio de apalancamiento utilizado. Una pequeña parte de la cuenta de operaciones se asigna como garantía. La garantía es el margen para esa operación.

El acto consiste en adquirir un título en el que el comprador paga un porcentaje del valor total del activo. Luego tiene que pedir prestado el resto al corredor. El corredor actúa como prestamista y los valores o fondos de la cuenta de operaciones sirven de garantía.

Un préstamo paga los valores negociados con margen, y un corredor, plataforma de corretaje o institución financiera facilita y presta el dinero para la operación.

En pocas palabras, el margen es la cantidad de fondos que el corredor prestará al operador. Para calcular el margen, hay que restar el valor de los valores en la cuenta del operador y el importe del préstamo. Por lo tanto, comprar con margen es la práctica de pedir dinero prestado para comprar valores.

Comprar valores con margen es como utilizar activos físicos (por ejemplo, maquinaria, propiedades y otros bienes físicos) como garantía de un préstamo bancario. En el comercio, el préstamo con garantía viene acompañado de un tipo de interés periódico. El inversor/operador debe pagarlo.

El operador en cuestión utiliza el apalancamiento o el dinero prestado. Por lo tanto, tanto las ganancias como las pérdidas se magnifican. Si el operador puede obtener grandes beneficios de una operación, entonces la negociación con margen es ventajosa.

Si se tiene en cuenta todo esto, los operadores pueden tomar posiciones en varios pares de divisas, siempre que dispongan de los fondos necesarios para ello o puedan realizar una operación con margen. Para reiterar, el tamaño de la posición depende de los requisitos de margen del operador y del capital de la cuenta. La cantidad adecuada de apalancamiento es importante en las operaciones diarias y en las operaciones con margen.

-Sobre el apalancamiento

¿Qué es el apalancamiento? ¿Cuánto apalancamiento debo utilizar? Estas son las preguntas más comunes que se hacen los operadores principiantes.

En el comercio, el apalancamiento es el uso de un préstamo o fondos prestados para aumentar el tamaño de la posición de uno por encima del límite de su cuenta de operaciones. En concreto, los operadores de Forex utilizan el apalancamiento para obtener beneficios de los pequeños movimientos de los precios. Sea como sea, el apalancamiento en el comercio puede amplificar tanto las pérdidas como los beneficios.

Por ejemplo, si pide un préstamo para comprar una casa, está apalancando su balance. El balance muestra a los inversores el pasivo y el activo que posee el comerciante. Resume lo que queda cuando se juntan ambos. En la ecuación intervienen el patrimonio neto de la persona, el valor contable y los fondos propios.

Si compra una casa de 100.000 dólares, pero no tiene suficientes ahorros o efectivo disponible, es posible que tenga que dar un anticipo del 20% del precio total de la propiedad, y luego, hacer pagos regulares al vendedor o al banco. En este ejemplo, usted utiliza sus 20.000 dólares en efectivo para controlar un gran activo. Con el apalancamiento y los ahorros existentes, se puede controlar un gran activo.

En el mercado de valores, las cuentas de margen permiten a los operadores apalancar sus compras en 2 factores. Por ejemplo, si deposita 40.000 dólares en una cuenta de margen, podrá controlar un activo cuyo valor no supere los 80.000 dólares.

-Tutorial sobre el comercio de márgenes

En primer lugar, la negociación con margen requiere una cuenta de margen. Según su definición, ésta es diferente de una "cuenta de efectivo para operaciones". Esta última es una cuenta estándar que los principiantes pueden abrir cuando empiezan a operar.

A diferencia de una cuenta de margen, una cuenta de negociación normal, o cuenta de efectivo, requiere que los participantes en el mercado financien completamente una operación antes de la ejecución real. Cuando se utilizan cuentas de efectivo, la deuda o el margen no son necesarios. El operador no puede perder más que los fondos de su cuenta.

Una cuenta de efectivo es diferente de una cuenta de margen. Y existen algunas diferencias entre los préstamos que un operador puede recibir para operar con margen.

Los valores que pueden existir en una cuenta de margen son los siguientes:

- ➢ Acciones

- ➢ Bonos

- ➢ Futuros

- ➢ Opciones

- ➢ Criptomonedas

- ➢ Forex

Si uno no cumple los requisitos de un ajuste de márgenes, el corredor puede vender las inversiones hasta que se restablezca el coeficiente de capital. Este requisito de mantenimiento difiere de un corredor a otro.

El requisito de mantenimiento es la cantidad que puede pedir prestada por cada dólar que deposita. Sin embargo, el corredor puede modificar este dato y el tipo de interés en cualquier momento.

Ejemplo de una operación con margen real

Un operador deposita 5.000 dólares en una cuenta de margen vacía. El corredor o la plataforma de corretaje tiene un requisito de mantenimiento del 40% y cobra un interés del 5% por los préstamos inferiores a 20.000 dólares.

El inversor compra una acción pública de la empresa X. En una cuenta comercial normal, sólo puede comprar acciones por valor de 5.000 dólares. En cambio, el inversor puede invertir 9.000 dólares en acciones de la empresa X. A 10 dólares por acción, puede comprar 900 acciones.

Pero ¿qué pasa si el valor de las acciones cae? El operador tendrá que devolver 9.000 dólares. Esta es la cantidad que tomó prestada a través del préstamo de margen.

-Los riesgos del comercio de márgenes

Todos los inversores y operadores deben tener en cuenta los riesgos que conlleva la negociación de valores con margen. Entre los riesgos se encuentran los siguientes:

> Las empresas de corretaje pueden aumentar los tipos de interés y los requisitos de margen en cualquier momento

> No evitar las pérdidas puede llevar a la quiebra

> Puede perder más dinero del que ha invertido. Y, es legalmente responsable de pagar las deudas pendientes.

> Cuando el valor del título comprado con margen disminuya, necesitará fondos adicionales para pagar su deuda.

> Pueden hacerlo sin que usted lo advierta.

> Por lo general, no hay prórroga para los nuevos inversores.

> Según la ley, la plataforma de intermediación puede vender sus valores si el patrimonio de la cuenta cae por debajo del requisito de mantenimiento.

➢ Una posición corta puede costarle. A menudo, cuando una acción se detiene o se retira de la lista, es posible que tenga que pagar los intereses.

➢ Cuando el precio de un activo tarda demasiado en recuperarse, la deuda se traduce en costes de interés elevados.

➢ Los inversores suelen añadir fondos a sus cuentas para mantener los requisitos de mantenimiento.

La negociación con margen puede ampliar su cartera financiera. Aumenta tanto el potencial de beneficios como de pérdidas de su capital. Pero, en última instancia, el comercio de márgenes puede aumentar las posibilidades de generar más beneficios.

Los diferentes tipos de operaciones de Forex

1) Operaciones al contado

El contrato al contado o spot trading es el tipo de operación más común en Forex. Es rápido y sencillo. Ahora bien, ¿qué es exactamente? Una operación Forex al contado también se conoce como FX spot. Básicamente es un acuerdo entre dos participantes del mercado para comprar una divisa contra otra a un precio predeterminado para su liquidación en una fecha al contado.

Un spot de divisas es un acuerdo bilateral. Esto significa que dos partes participan en una transacción. El contrato se considera un acuerdo. Es una obligación vinculante de vender o comprar una cantidad determinada de una moneda extranjera a un tipo de cambio al contado. Este es el precio predeterminado que se debe pagar en la fecha al contado. En pocas palabras, un spot FX es una obligación vinculante de comprar/vender una cantidad determinada de moneda extranjera.

2) Contratos a plazo

Los contratos a plazo pueden protegerle contra la volatilidad del mercado. ¿Qué tiene de malo la volatilidad del mercado? La volatilidad, que se define como la medida estadística de la fluctuación del precio de un activo, aumenta los riesgos y dificulta la obtención de beneficios para los operadores principiantes.

El valor de los activos puede cambiar con el tiempo. Si una moneda concreta experimenta fluctuaciones diarias, se puede decir que es volátil. Por pequeñas o grandes cantidades, los precios de los activos, incluidas las acciones, los futuros y las divisas, pueden disminuir o aumentar. El término "volatilidad del mercado" describe el rango de los cambios en el precio de un activo.

Por ejemplo, si el valor de una acción se mantiene constante durante mucho tiempo, entonces tiene una baja volatilidad. Lo mismo puede decirse cuando su precio experimenta un movimiento mínimo. Por lo general, una volatilidad elevada hace que una operación o inversión sea arriesgada. También supone un gran potencial de pérdidas o ganancias.

3) Ventana hacia delante

Una operación de ventana a plazo es un contrato a plazo. Sin embargo, la liquidación de esta operación no está predeterminada. Además, tiene dos fechas acordadas para las transacciones futuras. Puede beneficiarse de este tipo de contrato si desea asegurarse un tipo de cambio. Esto le permite cumplir un compromiso con una fecha flexible.

Una vez que conozca la fecha de liquidación, podrá liquidar el contrato dentro del plazo. Si no consigue liquidar su cuenta dentro del plazo, puede liquidar el contrato pero el tipo de cambio puede modificarse. A usted, como operador, se le puede exigir un margen o depósito. Esto ocurre si el pago se ha retrasado.

4) Orden de límite

Una orden limitada, a diferencia de una orden al contado de FX, es un tipo de orden de Forex para negociar una acción a un precio específico. Existen dos tipos de esta operación: límite de compra y límite de venta. Usted puede ejecutar un límite de compra al precio predeterminado o más bajo. Por otro lado, sólo puede ejecutar una orden de límite de venta. Si el valor de mercado del activo alcanza el precio límite, puede ejecutar una orden limitada.

5) Orden de Stop Loss

Una orden de stop especifica que un activo se vende o se compra cuando alcanza el precio de stop. Este es el precio específico de una orden de stop. Genera una orden de mercado: una orden para comprar o vender un valor inmediatamente. Una orden de mercado no garantiza el precio de ejecución, pero sí la ejecución de la orden.

Cuando se cumple el precio de parada, la orden de parada sirve como orden de mercado. Se ejecuta entonces en la primera oportunidad disponible. A menudo, se utiliza una orden de stop/pérdida para evitar pérdidas cuando el valor de un activo baja. Puede enviar una orden a los corredores si su inversión empieza a parecer arriesgada.

Además, con una orden de stop/loss, se le indica que compre si el tipo de cambio es inferior al precio de stop. Muchos operadores combinan una orden stop/loss y una orden limitada. Al hacerlo, se protegen de un descenso repentino de los tipos.

Aparte de obtener beneficios, preservar y gestionar su capital debería ser su tarea más importante como operador. Una vez que pierde su capital de trading, será difícil recuperar lo que ha perdido.

Todos los días se plantean nuevos retos en el comercio. La política mundial, los acontecimientos económicos y las noticias de los bancos centrales pueden afectar a los precios de las divisas, ya sea positiva o negativamente.

Los riesgos del comercio de divisas

Al igual que otros mercados financieros, el mercado de divisas también tiene riesgos de los que debe tomar nota, y que pueden afectar en gran medida al éxito de sus operaciones con divisas.

1) Riesgo de tipo de interés

Las fluctuaciones de los tipos de interés pueden afectar a los tipos de cambio. Cuando el tipo de interés sube, el tipo de cambio de una moneda también aumenta.

Una moneda poco volátil atrae a los inversores extranjeros. Esto, a su vez, fortalece el valor de esa moneda, haciéndola más estable que antes y muy buscada en los mercados financieros.

Cuando el valor de la moneda se debilita, el tipo de interés también disminuye. Los tipos de interés, por sí solos, pueden provocar fluctuaciones en el valor de una moneda nacional.

- ¿Cómo mitigar los efectos del riesgo de tipo de interés?

➢ Mantener bonos de múltiples duraciones

➢ Cobertura de la renta fija con swaps, opciones o derivados

➢ Compra de pares de divisas de alto rendimiento o de tipo flotante

2) Riesgo de contrapartida

En los mercados de divisas, la contraparte es la plataforma o entidad en la que se cierran y abren posiciones. En pocas palabras, una contraparte puede ser un corredor o un agente.

Los riesgos de contraparte abarcan los incumplimientos de las plataformas y las lagunas de los corredores. Se define como la "probabilidad de que la otra parte de una operación no cumpla su parte del trato y desatienda las obligaciones contractuales".

Debe elegir una contraparte de buena reputación y bien establecida. Debe contar con reseñas auténticas que provengan de personas genuinas y reales, no de bots o revisores pagados.

También hay que fijarse en la antigüedad de la empresa de intermediación y en el número de sus MAU, o usuarios activos mensuales.

3) Riesgo del país

La situación económica y política del país emisor puede afectar al tipo de cambio de una moneda nacional.

Este riesgo se refiere a la incertidumbre asociada a la negociación de una moneda emitida por un país con mucha agitación política o económicamente inestable.

Puede surgir debido a cualquiera de los factores que se indican a continuación:

➢ Tipo de cambio

➢ Noticias y acontecimientos económicos

➢ Inestabilidad política

➢ Tipo de cambio

➢ Influencias tecnológicas

- ¿Cómo mitigar el riesgo país?

➢ Calcule el tiempo de sus inversiones de forma inteligente

➢ Pedir prestado en el país

➢ Considere los riesgos de devaluación cuando opere con pares exóticos y menores

➢ Diversos, dispersos y con salida

➢ Difusión del precio de compra si hay una devaluación inminente

4) Riesgo de liquidez

El riesgo de liquidez se considera un riesgo financiero. Durante un periodo concreto, un determinado valor o activo financiero no puede negociarse con la suficiente rapidez sin afectar al precio del mercado.

A veces, un par de divisas o cualquier instrumento financiero no puede venderse por falta de liquidez. Esto puede surgir por cualquiera de los siguientes motivos:

➢ Ampliación del periodo de tenencia para el cálculo del VaR

➢ Creación de reservas de liquidez explícitas

➢ Ampliación de los márgenes

-Cómo mitigar los riesgos de liquidez

➢ Crear un plan de contingencia

➢ Realización de pruebas de resistencia periódicas

- ➢ Control y seguimiento diario de la liquidez

- ➢ Esfuércese por identificar los riesgos con antelación

5) Riesgo de transacción

La diferencia de tiempo entre el cierre y la apertura de una transacción crea posibles riesgos. Se refiere al efecto negativo que las fluctuaciones del tipo de cambio pueden tener en una operación realizada antes de su liquidación. En realidad, es el riesgo de divisa o de tipo de cambio asociado a la demora entre la entrada y la salida de una operación.

-Los factores que contribuyen a los riesgos de las transacciones

- ➢ Errores de manipulación y comunicación

- ➢ Fluctuaciones de precios

- ➢ Gran diferencia de tiempo entre el inicio y el asentamiento

- ➢ Volatilidad

- ➢ Mercados alcistas y bajistas

-Las mejores estrategias para mitigar los riesgos cambiarios

> Cobertura con ETFs

> Reducción de los riesgos de crédito y de mercado

> Participar en swaps de divisas, un swap de divisas implica el intercambio de intereses y principal en una moneda por otra

> Compra de contratos a plazo

> Operar sólo con monedas nacionales

> Compartir el riesgo, lo que implica compartir el riesgo de exposición con un entendimiento mutuo

El mejor marco temporal para sus operaciones en Forex

Los operadores principiantes suelen operar en el marco temporal equivocado. Usted, como trader novato de FX, debe basar su tiempo de negociación en su capital, disponibilidad y personalidad.

¿Cuál es la importancia de los plazos en el comercio de Forex? Los marcos temporales desempeñan un papel fundamental en el desarrollo de un sistema de trading eficaz. Si usted prefiere una inversión amplia, debe incluir en su estrategia el uso de múltiples marcos temporales.

Como regla general, tres marcos temporales pueden ser suficientes para darle una lectura detallada y amplia del mercado de su par de divisas objetivo. Los marcos de menos de tres horas dejan espacio para los riesgos de las operaciones. Su estrategia de negociación determinará la duración de cada marco.

A la mayoría de los swing traders les sirven poco las horas o los minutos de duración, ya que suelen tomar posiciones que duran meses. Lo contrario ocurre con los operadores diarios, ya que tienden a recortar las pérdidas cerrando las posiciones antes del final de cada jornada de negociación.

Los operadores de gran éxito saben cómo utilizar los marcos temporales para apoyar sus estilos de negociación. El trading diario en divisas puede ser ventajoso y rentable, ya que se trata de un mercado muy volátil. De ahí que el uso de múltiples marcos temporales sea beneficioso para los operadores diurnos.

El uso de varios marcos temporales de FX puede ayudarle a detectar grandes operaciones y acciones de precios regulares que aún se están desarrollando. Puede formar diferentes puntos de vista mientras cambia entre dos o más marcos de tiempo en el mismo par de divisas.

- ¿Cuáles son los principales marcos temporales de las divisas?

¿Qué son? Son a corto, medio y largo plazo. Usted tiene la opción de utilizar los tres. Otros utilizan uno a corto y otro a largo cuando consideran posibles operaciones. Los plazos largos son beneficiosos para determinar la configuración de las operaciones. Por el contrario, los plazos cortos pueden ayudar a programar las entradas en el mercado.

Los marcos temporales de corta duración son utilizados por los scalpers y los day traders. La tendencia suele ser horaria o de 4 horas, pero algunos optan por una duración de un minuto. Los marcos temporales de disparo suelen durar 15 minutos.

Debido a la volatilidad del mercado de divisas, los operadores diarios de FX eligen plazos cortos. De este modo, pueden observar datos significativos. El medio plazo para un activo ilíquido puede no proporcionar ningún punto de datos valioso.

Debido a la naturaleza del mercado de divisas, el cambio entre varios marcos temporales durante las diferentes sesiones (por ejemplo, EE.UU., Asia, Europa) genera diversas condiciones de mercado. Estas son cuestiones relacionadas con el sistema y el negocio que puede utilizar para determinar indicadores. Puede utilizar estos indicadores para buscar tendencias específicas de las sesiones de EE.UU., Asia o Europa.

- ¿Qué es una sesión de negociación?

Una sesión de negociación es un periodo que coincide con el horario de negociación del día en una región determinada. En general, es un día hábil de 24 horas en el mercado financiero. La duración entre el timbre de apertura y el timbre de cierre es la sesión de negociación.

Puntos clave para tener en cuenta:

➢ Los horarios de negociación primaria difieren de un país a otro. Dependen de los husos horarios.

➢ Una sesión de negociación es el horario principal de negociación de una localidad o un activo concreto.

➢ Las sesiones varían según el país y la clase de activos. En el caso de las acciones estadounidenses, la sesión ordinaria comienza a las 9:30 y se cierra a las 16:00. Para el mercado de bonos de EE. UU., la sesión ordinaria de la semana comienza a las 8:00 y termina a las 17:00. Se cierra a las 14:00 en seis ocasiones y no está disponible en 10 días festivos. Cierra a las 14:00 en seis ocasiones y no está disponible en 10 días festivos.

➢ Los operadores deben conocer los diferentes horarios de negociación de cualquier valor con el que quieran operar.

- ¿Qué marco temporal de divisas debe elegir?

Para elegir el marco temporal óptimo para sus operaciones, tenga en cuenta su estrategia y su estilo de negociación. Estos deberían ser los factores que influyen en gran medida en su marco temporal preferido. Por lo tanto, elija un gráfico con el que se sienta cómodo y realice un análisis exhaustivo. Además, asegúrese de establecer una gestión del riesgo en sus operaciones.

Operar en forex durante el día puede ser difícil. Los operadores principiantes que utilizan una estrategia de especulación se exponen a decisiones de negociación que no han sido probadas ni han demostrado su eficacia durante mucho tiempo. Esta combinación mortal de frecuencia y experiencia allana el camino a las pérdidas que podrían evitarse con un enfoque diferente, como las operaciones de posición.

Los Scalpers, al igual que los day traders, deberían, en todo momento, especializarse en acciones de precio minúsculas. Por eso podrían operar con marcos de tiempo de sólo 5 o 10 minutos. Tienden a moverse rápidamente en la dirección del precio. Con esto, están atados a los gráficos y a las tendencias.

Eso es lo que hacen los operadores diurnos que toman posiciones por hora. En cambio, los que adoptan un enfoque a más corto plazo tienen un margen de error menor que su tipo opuesto.

Los operadores diarios pueden evaluar las tendencias en los gráficos horarios y encontrar posibles puntos de precio. Esto se refiere a un punto en un gráfico de posibles precios. A partir de determinados puntos, algunos podrían generar beneficios.

Las oportunidades de entrada son abundantes en los marcos temporales de "minutos", como los gráficos de cinco o quince minutos.

Día de comercio de divisas

Los scalpers o day traders necesitan que el precio del activo comercial se mueva a favor de su predicción. Por lo tanto, tienen que practicar la vigilancia al observar los gráficos. Los day traders pueden especular para evaluar las tendencias en un gráfico horario. En los marcos temporales de un minuto, como los gráficos de 5 minutos, pueden detectar los puntos de entrada.

Un punto de entrada es el precio al que un operador vende o compra un valor. Por lo general, es un componente de una estrategia de negociación específica desarrollada para reducir los riesgos de inversión y eliminar los sentimientos de las decisiones de negociación. Recuerde que un buen punto de entrada es, a menudo, el resultado de una operación exitosa.

A continuación se presentan algunas estrategias de análisis técnico, que puede utilizar para identificar cualquier tendencia:

- ➤ El uso de las MA de 200 días para los revendedores que utilizan marcos de tiempo de negociación diarios y horarios

- ➤ Identificar y comprender las líneas de tendencia de Forex

- ➤ El uso del indicador MACD

Una línea de tendencia es como una línea dibujada bajo los mínimos del pivote o los muslos del pivote para mostrar el movimiento actual del precio y para predecir las acciones futuras del precio. Las líneas de tendencia sirven para visualizar la resistencia y el soporte en cualquier marco temporal de negociación. Pueden presentar la velocidad y la dirección del precio y describir patrones en las compresiones.

Aparte de estos, puede utilizar el siguiente análisis técnico a la hora de identificar los niveles de entrada, como los siguientes:

- ➤ Cruces de MA

- ➤ La utilización de niveles clave de resistencia y soporte

> ➢ El uso de indicadores, incluyendo el MACD y el RSI

> ➢ Análisis de velas

-Operación diurna con múltiples marcos temporales de negociación

Los operadores de día de Forex con éxito, incluyendo a George Soros y Bill Lipschutz, tienden a utilizar el análisis de múltiples marcos de tiempo. Esto implica ver un par de divisas en dos o más marcos de tiempo.

Ejecutar su primera operación

Suponiendo que ya tenga una cuenta de operaciones que le permita operar con divisas, todo lo que tiene que hacer es seguir los sencillos pasos que se indican a continuación. Además, no olvide preparar su sistema de trading para su primera operación con divisas.

1) Poner en marcha la plataforma

En el capítulo 2, ha aprendido a elegir el corredor adecuado para su capital y su estrategia de negociación. Una vez que haya instalado la plataforma en su smartphone u ordenador personal, abra la aplicación para iniciarla. Si ha elegido una plataforma basada en la web, deberá iniciar sesión en su cuenta en el sitio web de su corredor.

Para finalizar este paso, inicie sesión en su cuenta de operaciones proporcionando su nombre de usuario y contraseña. Ahora, tenga cuidado cuando se conecte. Siempre debe asegurar las credenciales de su cuenta, y recuerde que lo mejor es utilizar una VPN de confianza.

2) Abrir el gráfico

En este paso, tiene que elegir un par de divisas. Debe abrir un gráfico y elegir un marco de tiempo. Por ejemplo, elija un marco de tiempo de 20 minutos. En este caso, cada vela del gráfico abierto representa 20 minutos.

3) Añadir los indicadores

Cuando haya elegido un par de divisas, debe trabajar en su gráfico y añadir indicadores. Puede optar por indicadores técnicos. Por ejemplo, puede añadir el MACD y una media móvil exponencial de 300. La regla básica para el uso de una EMA de 300 es que si el tipo de cambio de la divisa está por encima de la línea, entonces puede aumentar. Si el precio está por debajo de la línea de 300 EMA, entonces puede seguir bajando.

En el segundo escenario, se confirma que el tipo de cambio está disminuyendo de forma inestable. El uso de indicadores técnicos puede ser útil en este paso, en el proceso de toma de decisiones.

Sin embargo, si está vendiendo el par de divisas dado, entonces significa que está comprando JPY y vendiendo AUD. Por lo tanto, hay que fijarse en los puntos fuertes de la divisa cotizada y en los puntos débiles de la base, que es el dólar australiano. Con el MACD, puede buscar señales de que el valor del AUD está bajando.

Cuando se utiliza solo, el indicador MACD no siempre es fiable. Sin embargo, si se utiliza como un elemento de un sistema de comercio complejo, puede señalar con precisión un posible precio futuro.

En caso de que el precio esté luchando contra la tendencia bajista, se aconseja esperar el cruce y la dirección hacia abajo de los indicadores MACD. Debe hacer esto antes de realizar una operación.

4) Cálculo de los beneficios

Por supuesto, esto también es una parte esencial del comercio de divisas, ya que es una forma de comercio muy diferente del resto. Estos son los puntos clave que debe recordar al calcular los beneficios en este mercado:

➢ Un pip se utiliza para medir la diferencia de valor entre dos monedas nacionales. Un pip equivale a 0,0001 de cambio de valor. Por ejemplo, si su operación de divisas EUR/USD pasa de 1,645 a 1646, entonces el valor de la divisa ha aumentado en diez pips.

➢ Multiplique el número de pips que tiene su cuenta de operaciones por el tipo de cambio. El producto le dirá cuánto ha disminuido o aumentado el valor de sus fondos de negociación.

5) Hacer el pedido

Después de estudiar los gráficos y replantear y reconfirmar su estrategia, lo siguiente es prepararse para colocar una orden. En el ejemplo mencionado en la sección anterior, el precio del par de divisas está bajando, por lo que es mejor ir en corto.

Recuerde que una posición corta es una posición de venta. Los operadores adoptan esta posición si creen que el valor de la acción va a disminuir o va a seguir disminuyendo. Si el precio efectivamente baja, usted puede recomprar la acción a un precio más bajo. Al hacerlo, puede obtener un beneficio.

6) Establecer los niveles de Stop/Loss y Take Profit

El paso 5 es opcional, pero es muy recomendable. Establecer una orden de stop/loss a 1/2 pip puede conducir al éxito a largo plazo. ¿Por qué es así? Con esta configuración, usted tiene razón el 50% de las veces, y todavía puede salir de la operación al final del día. Sin embargo, esto sólo es posible si su riesgo-recompensa es realmente favorable.

Establecer una orden de stop/pérdida puede limitar las pérdidas si el mercado se mueve en la dirección prevista. El establecimiento de un nivel de toma de beneficios garantiza que pueda salir de la operación con beneficios. Establecer estos dos niveles al colocar la operación puede ser ventajoso. Esto se debe a que es difícil tomar decisiones una vez que la operación está realmente en el mercado.

7) Confirme su pedido

Cuando haya establecido los niveles necesarios, es el momento de enviar un pedido y esperar la confirmación. En la pantalla, puede aparecer como un cuadro de diálogo.

Recuerde que la "confirmación" es importante, así como el número de ticket. En caso de que haya algún problema en la fase de ejecución, puede ponerse en contacto con el corredor y presentar su número de billete. Esto puede ayudar a su corredor a corregir el error y a reembolsar los créditos.

8) El periodo de espera

Tras la confirmación de la orden, comienza el periodo de espera. Muchos operadores diarios apagan su pantalla y se alejan del mercado durante algún tiempo. Aunque se aconseja vigilar constantemente el mercado, puede sentarse y relajarse si ha configurado correctamente su operación, como establecer una orden de recogida de beneficios o de limitación de pérdidas antes de la confirmación.

9) Finalización del comercio

Este es el último paso en el proceso de negociación de Forex. Con el ejemplo dado, la operación podría haber resultado en una toma de beneficios.

Después de esto, es imprescindible que dirija sus pérdidas y ganancias. Sobre todo, evite que sus emociones nublen sus juicios sobre las operaciones. Sólo porque gane, no se deje llevar por la emoción y empiece a descuidarse. No ha estudiado este libro para eso.

El mercado de divisas es como el océano. Verá muchos altibajos y más fluctuaciones. Lo más importante es seguir analizando los precios, los activos y los indicadores.

La ley de la oferta y la demanda

En las bolsas de divisas, al igual que en los mercados flotantes, la psicología de la multitud, así como las interacciones entre los operadores, determinan los precios y las tarifas de los activos/mercancías. Los compradores del mercado representan la demanda de un producto, valor o mercancía.

Por el contrario, los vendedores y el valor que ofrecen representan la oferta en el mercado. Si la oferta y la demanda están en equilibrio, el precio del activo en el mercado electrónico no variará durante algún tiempo.

Sin embargo, si esto se desequilibra, el precio del activo en cuestión subirá o bajará. Cuando la demanda supera a la oferta, el número total de compradores en el mercado supera al número de vendedores.

Resumen del capítulo

Operar con Forex en los mercados electrónicos o plataformas de corretaje puede ser un pasatiempo emocionante y una buena fuente de ingresos adicionales. Para algunos, la generación de beneficios aquí es más lenta que en el comercio de acciones. Sin embargo, ofrece menos riesgos, ya que el mercado es muy volátil y tiene mucha liquidez. En los mercados de divisas de todo el mundo se realizan miles de millones de operaciones al día. Ahora que conoce todos los riesgos, procesos, terminologías y tecnicismos de Forex, es el momento de ejecutar su primera operación en Forex.

Paso 7: Day Trading con futuros y criptomonedas

Ha aprendido a realizar análisis técnicos y fundamentales, así como a leer gráficos, indicadores y balances. Ahora ya conoce las múltiples formas de operar en el día en el mercado de divisas y en las acciones. Pero ¿qué hay del resto de valores que también son rentables hoy en día? Este capítulo trata de ellos. Por fin conocerás los "futuros" y las "criptodivisas".

Al tiempo que emplean diversas estrategias y técnicas para aprovechar las ineficiencias percibidas en el mercado, los operadores del día sacan el máximo provecho de las fluctuaciones del mercado. Son frecuentes en los mercados en los que las acciones de los precios de los valores son volátiles y frecuentes.

Tanto si quiere complementar sus otras actividades de day trading como si simplemente prefiere los valores financieros directos, en este capítulo podrá aprender a ganar dinero con otros activos negociables.

Day Trading con criptomonedas: Ganando $100 por día

En los últimos años, el comercio de criptomonedas está en auge. El elevado volumen de negociación y la volatilidad de las criptodivisas más populares (por ejemplo, el bitcoin y el ethereum) se adaptan perfectamente a los especuladores, como los day traders.

El auge del bitcoin y de otras criptomonedas ha convertido el mercado en lo que es hoy: un mercado electrónico muy volátil. Recuerde que la volatilidad y la liquidez son lo que los especuladores de éxito, como Warren Buffet y Tim Sykes, buscaban con ahínco.

Sin embargo, hay que elegir la moneda adecuada. En el momento de escribir este artículo, existen más de 1.600 criptomonedas. No todas ellas pueden darle beneficios. Sí, se producen millones de operaciones en este mercado, pero sólo se trata de las criptodivisas más populares.

El mercado de criptomonedas ofrece muchas oportunidades a los especuladores si hacen las operaciones correctamente. Esta sección presenta una guía paso a paso para el tipo de comercio electrónico más lucrativo: el comercio de criptomonedas.

Estas son las cosas que tiene que hacer para empezar:

1. Elija monedas de gran liquidez y volatilidad

Hoy en día, el bitcoin es la criptomoneda más negociada. Por lo tanto, el bitcoin es su mejor opción. La demanda de esta criptomoneda es muy alta. En febrero de 2021, el precio de 1 BTC se disparó a

En sólo un mes, su valor ha aumentado hasta los 20.000 dólares, pasando de los 32.000 dólares del 15 de enero de 2021 a los 5.000 dólares del 18 de febrero de 2021.

El valor de Bitcoin es muy volátil. Además, lo mejor es que su precio ha mantenido una tendencia al alza en los últimos años. Es poco probable que se produzca una tendencia a la baja significativa en los próximos meses.

Ripple, Ethereum y Litecoin son algunas de las mejores alternativas al bitcoin. También puede optar por operar en el día con monedas menores y exóticas. Sin embargo, a diferencia del bitcoin y sus alternativas, el precio de estas criptomonedas puede caer en picado tan rápido como ha subido.

Para ver la lista completa, consulte a continuación:

-Las principales criptomonedas

> Bitcoin

> Litecoin

- Ethereum

- Zcash

- Lumen estelar

- Cardano

- Polkadot

- Estelar

- Cadena de eslabones

- Moneda de Binance

- Tether

- Monero

2. Aplicar el indicador del índice de flujo monetario (IFM) en un gráfico de 5 minutos

El indicador Money Flow Index es un simple indicador técnico. Se utiliza para supervisar el movimiento de los precios de las monedas electrónicas y para medir cuándo las organizaciones notables comenzarán a negociar una criptomoneda específica.

La configuración de este indicador debe establecerse en tres períodos. Los niveles por defecto para la compra y la venta deben estar entre el rango de 80 a 100 y 20 a 0, respectivamente. Puede aprender a utilizar este indicador en el siguiente paso.

3. Utilizar el indicador IFM

Un valor cercano a 100 indica la presencia de grandes entidades en el mercado. Cuando los grandes tiburones realizan compras, no pueden ocultar sus huellas digitales. Dejan constancia de sus actividades en el mercado. El indicador IFM se emplea para leer sus actividades.

Para aumentar aún más la precisión de las lecturas y las predicciones, los operadores diarios se saltan las dos primeras lecturas aunque el resultado sea 100. Lo hacen para afinar sus estrategias y estudiar las reacciones del precio de la criptomoneda. El precio debe mantenerse durante la primera y segunda lectura del IMF con un valor de 100.

Si el valor de la criptodivisa está por debajo de 100 después de las dos primeras lecturas, entonces el precio puede bajar durante el resto de ese día. Ahora, es el momento de determinar el mercado adecuado donde se puede operar con criptodivisas y satisfacer las condiciones técnicas requeridas.

4. Tomar una posición de compra

Las siguientes lecturas de 100 IMF presentan oportunidades maduras para realizar operaciones rentables. Siempre que se cumplan las condiciones técnicas, puede tratar ese resultado como la indicación correcta.

Sin embargo, a excepción de la lectura del 100 MFI, la vela debe ser alcista. Una vela es un gráfico de precios que muestra los precios de cierre mínimo, máximo y abierto de un valor financiero durante un periodo determinado. El cierre debe estar cerca de la parte superior y sus mechas deben ser pequeñas.

Una vez que se ha tenido en cuenta todo esto, hay que establecer órdenes de protección de pérdidas y determinar dónde se pueden obtener beneficios. Para ello, consulte el siguiente paso.

5. Realice su compra

Eugene Loza (EXCAVO) dijo: "Es mejor para los operadores de día de criptomonedas esconder su stop/pérdida de protección por debajo del mínimo del día y tomar ganancias en los primeros 60 minutos después de abrir una operación."

Una ruptura por debajo del mínimo del día indica un cambio inminente en el sentimiento del mercado o un día de reversión. En estos casos, hay que salir del mercado lo antes posible.

Una ruptura puede producirse como una subida o bajada rápida del precio o como una brecha, en la que se negocia a varios precios a lo largo del camino. Una ruptura puede producirse cuando el valor del activo supera el nivel de resistencia o cae por debajo del nivel de soporte.

En el comercio de día de criptomonedas, la regla general es tomar ganancias durante la primera hora después de que usted finalmente hace un comercio. Hay una baja tasa de éxito en mantener las operaciones por más tiempo.

Consejos avanzados para el comercio de criptomonedas

Para obtener una alta rentabilidad, hay que asumir riesgos. Eso es un hecho en el mundo del comercio electrónico. Cuando se gana dinero a corto plazo, hay que tener muy en cuenta la volatilidad del mercado.

Al igual que en otros mercados, los precios de las principales criptodivisas en los gráficos se componen de diferentes tipos de tendencias, incluidas las mini tendencias. Con FA y TA, puede estudiar las tendencias para hacer predicciones de valor.

Las operaciones a corto plazo también se subdividen en algunas categorías diferentes. Se basan en la rapidez con la que se realizan días, horas o semanas.

El trading diario de criptomonedas es una forma agresiva de trading a corto plazo. Su objetivo como comerciante es vender monedas dentro del día de negociación y obtener un beneficio antes de ir a la cama.

En las bolsas electrónicas convencionales, el día de negociación termina a las 16:30 horas. El mercado de criptomonedas, sin embargo, funciona las 24 horas del día. Empecemos por conocer las diferentes sesiones de negociación de criptomonedas.

-Definición de las sesiones de negociación de criptomonedas

Dado que las criptomonedas pueden negociarse a nivel internacional, sin tener en cuenta las fronteras, puede optar por las sesiones de negociación de Tokio, Nueva

York, Australia y la zona del euro. Se consideran las capitales financieras del mundo.

Son bastante similares a las sesiones del mercado de divisas. Algunas sesiones pueden ofrecer mejores oportunidades si la moneda con la que planeas operar tiene un mayor volumen en ese marco temporal que en otros. Por ejemplo, NEO, una criptodivisa con sede en China, suele experimentar su mayor volumen de negociación durante la sesión asiática.

La perspectiva de tener la posibilidad de operar de noche o de día puede ser beneficiosa para usted. Tanto si tiene una noche de insomnio como si tiene una pausa para comer, sólo tiene que abrir su aplicación de trading o su bróker en la web y empezar a operar. Sin embargo, recuerda que aunque tenga esta flexibilidad, no debe descuidar los fundamentos. Realice siempre un análisis exhaustivo del mercado.

-Asegurar su cartera de criptomonedas

Un monedero criptográfico puede ser un dispositivo, un servicio, un programa o un medio físico que permite almacenar claves públicas o privadas. Las claves se utilizan para el comercio de criptodivisas y ofrecen encriptación de datos. Esta es quizás la característica más conocida y valorada de las criptocarteras. Una simple billetera de criptomonedas puede ser utilizada para recibir/gastar criptomonedas, rastrear la propiedad, y almacenar monedas digitales, como BTCs y NEOs.

A diferencia de los monederos simples, que sólo requieren una parte para la confirmación de la transacción, los monederos multifirma necesitan dos o más partes para ejecutar una operación. Por eso son más seguras que las simples carteras de criptomonedas. En el espacio de la moneda digital. Las claves de firma de los contratos inteligentes también se almacenan en los monederos

Elegir un monedero criptográfico

Al elegir una cartera digital para sus criptomonedas, debe tener en cuenta las personas que tendrán acceso a sus claves privadas. Recuerde que esas personas serán las que firmen las capacidades. Esto significa que pueden acceder a su monedero en cualquier momento del día. Si opta por un proveedor externo, tiene que depositar su confianza en la entidad para mantener sus monedas a salvo.

En el caso del escándalo del exchange Mt. Gox, la mayoría de sus clientes perdieron BTC. El 9 de marzo de 2014, la empresa se declaró en quiebra. Muchos afirmaron que ese intercambio de bitcoins es fraudulento. Tenga en cuenta que descargar un monedero no garantiza que sea el único que pueda acceder a él.

Para empezar, he aquí algunos consejos para elegir una criptocartera segura:

> Multidivisas habilitadas

> Accesible y fácil de usar

> Se puede acceder fuera de línea

> Viene de un proveedor bien refutado con buenas críticas

> Seguridad mejorada

> El proveedor tiene licencia y está regulado y lleva al menos seis años en el mercado

Para recibir opciones digitales, no necesita una clave para el monedero receptor. Usted o el remitente sólo necesitan la dirección de destino. Cualquiera puede enviar criptomonedas a la dirección. Sólo la persona o entidad que tiene acceso a la clave privada de la dirección correspondiente puede utilizar la dirección.

Si está operando en el mercado de criptomonedas durante el día, asegúrese de que no está pagando muchas tasas por servicios y comisiones. Antes de realizar cualquier operación real a corto plazo, consulte primero a su corredor y compruebe si sus normas y comisiones coinciden con su estrategia de negociación. Pregúntese: "¿Puedo generar beneficios en esta plataforma con mi capital de negociación?".

Aquí tiene una sencilla estrategia paso a paso que puede utilizar para operar con criptomonedas durante el día:

1) Con el análisis técnico, confirme la existencia y la dirección futura de la tendencia.

2) Anticiparse a un retroceso.

3) Compre en el retroceso durante una tendencia alcista. Para ello, observe atentamente las mini tendencias.

4) Tome ganancias en el nivel de resistencia. El day trading de criptomonedas puede ser un negocio lucrativo debido a la alta volatilidad del mercado.

Recuerde que la alta volatilidad y la liquidez se adaptan muy bien a los operadores diarios. Las operaciones con criptomonedas podrían ser el entorno en el que puede tener éxito. Si cree que no le interesa este tipo de trading diario, entonces de un vistazo a las siguientes secciones de futuros y opciones.

Todo lo que necesita saber sobre el comercio de futuros durante el día

¿Qué es un futuro? Un contrato de futuros es un acuerdo para negociar una mercancía o un valor financiero a un precio y una fecha determinados.

Los principales corredores en línea cuentan con una sección de negociación de futuros. Debe familiarizarse primero con sus reglas y requisitos antes de elegir finalmente alguno de ellos.

Los inversores consideran el comercio de futuros como un método para ampliar su cartera y maximizar los beneficios. Los operadores del día operan con futuros para obtener ingresos tanto instantáneos como graduales.

-Futuros vs. Opciones

Existen contratos de futuros para acciones, bonos e índices de mercado, y pueden considerarse contratos liquidados en efectivo.

Los contratos de opciones, en cambio, proporcionan a los operadores el derecho pero no la obligación de comprar un valor. El titular de una opción de compra puede comprar un determinado activo a un valor específico durante un periodo determinado. Sin embargo, el titular del valor no tiene la obligación de comprar el activo.

Con un contrato de futuros, tanto el vendedor como el comprador del contrato deben realizar la transacción en una fecha y hora predeterminadas. En la negociación diaria, la operación suele ejecutarse el mismo día en que se compra el contrato.

Los futuros también requieren una liquidación diaria de pérdidas y ganancias. Esto significa que los operadores deben equilibrar sus cuentas de operaciones cuando termina cada día de negociación. Esto puede parecer un inconveniente, pero dependiendo del flujo del mercado, es posible que tenga que depositar más fondos en su cuenta de operaciones hasta que se cumpla el contrato.

En el caso de la negociación de opciones, no existen estas adiciones diarias. En la siguiente sección se analiza con más detalle la negociación en el mercado de opciones.

- ¿Cómo se regulan los futuros?

Debido al auge del comercio de futuros, se establecieron normas estrictas. La normativa garantiza la seguridad de todas las partes implicadas en cada operación de futuros. Un ejemplo es la Ley de Intercambio de Materias Primas, aprobada por el Congreso de EE. UU. en 1936. Aunque las normas han evolucionado a lo largo de los años, el marco de la ley se ha mantenido intacto.

En 1974 se creó la Comisión de Comercio de Futuros de Materias Primas (CFTC). La CFTC está formada por cinco comités. El presidente de EE. UU. nombra a los comisionados, que cumplen un mandato de 5 años y son responsables de fijar las fluctuaciones de los precios. El gobierno de EE. UU. regula el comercio de futuros en los corredores que están registrados en EE. UU.

Al igual que los operadores de opciones y acciones, los operadores de futuros también pueden utilizar el apalancamiento y la negociación con margen. Sin embargo, estos dependen de su corredor o de la plataforma en la que se encuentren.

En cuanto a la negociación de futuros, hay que estar atento, como en cualquier mercado. Los futuros suelen negociarse fuera de las horas tradicionales de negociación. De este modo, cuando el mercado vuelva a abrirse, tendrá una buena idea del estado del activo gracias a los cambios nocturnos evidentes en su gráfico.

-Donde comerciar

Los principales corredores en línea tienen una sección de operaciones especialmente dedicada a este instrumento financiero. Antes de elegir un bróker y decantarse por él, debe familiarizarse con sus normas y requisitos.

En cuanto a la negociación de futuros con margen, los corredores sólo proporcionan una cuenta de margen a los usuarios que certifican que pueden devolver el préstamo y los intereses. La accesibilidad al margen suele requerir una cantidad específica de fondos en su cuenta de trading original.

Algunos corredores, como TD Ameritrade, requieren pasar una prueba o clase antes de que uno pueda comenzar a operar con margen. TradeStation, Interactive Brokers y TD Ameritrade son algunas de las plataformas de corretaje que permiten la negociación de futuros con margen.

-Los riesgos del comercio de futuros

Ben Fitzsimmons, operador de algoritmos, dice: "A diferencia de las acciones y la renta variable, los futuros no pagan dividendos ni ofrecen incentivos que los inversores puedan ganar con el tiempo". Los futuros son bastante diferentes de otros instrumentos financieros. Son un juego 100% de suma cero. Cuando un operador pierde, otro obtiene beneficios.

Barry Johnson, uno de los principales analistas financieros y operadores de renta variable del Reino Unido, afirma que "el mercado de futuros no representa la propiedad de nada". Los futuros son sólo apuestas secundarias y no tienen valor económico. Sin embargo, cada parte de una operación paga comisiones y otros costes de servicio.

Sin embargo, la negociación de futuros abre el camino para que los operadores cubran sus inversiones y realicen scalping diario.

-Elegir un futuro

Una vez que haya seleccionado un corredor y haya configurado su cuenta de operaciones, debe elegir un contrato de futuros. Para este paso, debe tener en cuenta varios factores, incluyendo los indicadores que aparecen a continuación:

➢ Volumen

Elija contratos que tengan un volumen de negociación de 300.000 operaciones al día. Esto le permitirá negociar en los niveles que desee. Y, debido a esa liquidez, otro operador siempre querrá aceptar su oferta siempre que sea razonable. A continuación se enumeran algunos de los contratos más negociados:

a) Petróleo crudo WTI

b) Nota del Tesoro a 10 años

c) GE o Eurodólar

d) ES o E-mini S&P 500

Una vez que haya seleccionado un contrato de futuros rentable, debe considerar a continuación sus movimientos de precios y los márgenes que se ajustan a su estilo de negociación. El margen disponible depende de la cantidad y de los acuerdos que ofrezca su corredor. Por ejemplo, la negociación con margen de los contratos de petróleo crudo suele exigir elevados depósitos en cuenta.

➤ Movimiento

Para establecer el movimiento del precio, hay que tener en cuenta dos factores. El primero es el valor en puntos y el número de puntos que el contrato se mueve en 24 horas. Calculando el rango medio verdadero simple (ATR), puede obtener los datos que necesita para entrar en una posición rentable en este mercado.

Para ver la fórmula, consulte la siguiente imagen:

$$TR = \text{Max}[(H - L), \text{Abs}(H - C_P), \text{Abs}(L - C_P)]$$

$$ATR = \left(\frac{1}{n}\right) \sum_{(i=1)}^{(n)} TR_i$$

where:

TR_i = A particular true range

n = The time period employed

Para calcular el rango, fíjese en la diferencia entre los precios mínimos y máximos del futuro en el día actual. Recuerde que el "máximo real" es el cierre de ayer y el máximo de hoy. "Verdadero mínimo" representa el cierre de ayer y el mínimo de hoy. Por su parte, el "rango real" se refiere al máximo real menos el mínimo real.

Para entender mejor este concepto, tomemos como ejemplo el siguiente escenario. Si el futuro cierra en el día a noventa, los huecos se abrirán a noventa y uno y pueden alcanzar un máximo intradía a noventa y dos. En este caso, el rango real es de 90 a 92, ya que el cierre de ayer está en 90 y el máximo real es 92.

-Utilizar los factores e indicadores

Hoy en día, puede elegir con confianza el tipo de contrato de futuros con el que operar, especialmente porque ahora sabe cómo leer el mercado. ¿Elegirá los contratos de renta variable relacionados con las materias primas o el petróleo crudo?

Los futuros E-Mini son un buen punto de partida para los traders principiantes. Puede disponer de márgenes de hasta 600 dólares. Este mercado de futuros es más volátil que el del petróleo. Con el E-Mini S&P 500, puede empezar a operar con una cuenta de 3.000 dólares.

Conclusión:

El viaje ha sido largo, ¿verdad? Ha habido altibajos, como las fluctuaciones en los gráficos de precios. Las tendencias están ahí, y al igual que un negocio en ciernes, hay que vigilar su rendimiento. ¿Seguirá subiendo el precio? ¿Experimentará la tendencia un cambio repentino? El AT y el AF son sus herramientas de referencia para analizar las tendencias y los factores que afectan al movimiento de los precios.

Los indicadores, como el BPA, el volumen y la relación P/E, son los principales ingredientes del análisis técnico y fundamental. Incluso la estrategia clásica de "comprar a la baja y vender a la alta" hace uso de dichos indicadores. Después, hay que determinar los niveles de soporte y resistencia para elaborar planes de trading rentables.

Una vez que tenga todos los elementos en su sitio, debe establecer órdenes y parámetros para sus operaciones. Si no puede vigilar los mercados tan de cerca, considere la posibilidad de utilizar una orden de stop/pérdida. De este modo, aunque el precio del valor siga bajando, podrá salir del mercado antes de que toque fondo. En sus respectivos capítulos, se han cubierto todos estos métodos, técnicas y estrategias.

El day trading consiste en tratar con activos volátiles. Como day trader, no se beneficiará del estancamiento. Sólo podrá aumentar sus ahorros y su capital si compra/vende instrumentos financieros que presenten fluctuaciones de precios. Sus beneficios dependerán del éxito de sus operaciones y de cómo lea eficazmente los indicadores y el sentimiento del mercado. No hay ningún atajo para el day trading. Es un proceso paso a paso, pero si sigue las enseñanzas de este libro, podrá empezar a obtener beneficios de los valores negociables y hacer crecer su patrimonio cada día.

Descripción del libro

En este acelerado mundo digital, la gente suele olvidar cómo vivir. Se levanta, se prepara y se va a trabajar, o simplemente ve pasar otro día desde las persianas de su casa, oficina o establecimiento comercial, mientras se preocupa por lo que le deparará el mañana.

¿Cuándo fue la última vez que disfrutó realmente de la vida? ¿Ha renunciado a sus pasiones para poder llegar a fin de mes? Después de trabajar durante años, ¿puede decir que tiene suficientes ahorros para cubrir las necesidades de su familia en el futuro?

Sólo un puñado de negocios puede darle la libertad de "vivir" realmente su corta vida. El day trading puede darle la llave de esa puerta a la libertad. Como comerciante de día, usted es su propio jefe. Puede comerciar hoy y disfrutar de un tiempo familiar memorable mañana.

Esa es la vida innegable de un day trader. "Day Trading + Opciones" le ofrece todo lo que necesita saber sobre el day trading, desde la configuración de sus dispositivos, la elección de la plataforma de corretaje adecuada, hasta la lectura de los indicadores MACD para el análisis técnico. Este libro también cuenta con varias secciones dedicadas a los mejores activos negociables para scalpers, especuladores y day traders. Es más, también hay secciones adicionales para el swing trading y para sacar provecho de las operaciones a largo plazo, además de los temas poco comunes que aparecen a continuación:

- ➤ Gestión del riesgo y del dinero para su capital y sus futuras operaciones
- ➤ Guías completas de análisis fundamental y técnico
- ➤ Consejos, estrategias y lecciones de trading diurno para principiantes y avanzados
- ➤ Psicología del comercio y comportamiento del mercado

- ➢ Desarrollar su propio sistema de negociación
- ➢ Los indicadores que pueden ayudarle a elaborar estrategias de operaciones rentables

Con el objetivo de ayudar a los principiantes a tener éxito y para que los operadores avanzados obtengan secretos de la industria y conocimientos poco comunes sobre el trading diurno, este libro no sólo le dará la confianza necesaria para empezar a operar en el día, sino que también le ayudará a convertirse en un operador avanzado.

www.ingramcontent.com/pod-product-compliance
Lightning Source LLC
Chambersburg PA
CBHW071555210326
41597CB00019B/3260